Guia do terapeuta para os
Bons Pensamentos – Bons Sentimentos

S782g Stallard, Paul
       Guia do terapeuta para os bons pensamentos – bons sentimentos : utilizando a terapia cognitivo-comportamental com crianças e adolescentes / Paul Stallard ; tradução Maria Adriana Veríssimo Veronese. – Porto Alegre : Artmed, 2007.
       212 p. : il. p&b ; 25 cm.

       ISBN 978-85-363-0825-8

       1. Psicoterapia – Terapia cognitiva. I. Título.

       CDU 615.851-053.2/.6

Catalogação na publicação: Júlia Angst Coelho – CRB 10/1712

Guia do terapeuta para os Bons Pensamentos – Bons Sentimentos

Utilizando a terapia cognitivo-comportamental com crianças e adolescentes

Paul Stallard

Psicólogo Clínico, Royal United Hospital, Bath, Reino Unido

Tradução:
Maria Adriana Veríssimo Veronese

Consultoria, supervisão e revisão técnica desta edição:
Cristiano Nabuco de Abreu
*Doutor em Psicologia Clínica pela Universidade do Minho (Portugal).
Mestre pela PUC/SP e S.E.I. pela Universidade de York (Canadá).
Pesquisador do Instituto de Psiquiatria da Faculdade de Medicina da USP.*

Reimpressão

2007

Obra originalmente publicada sob o título
A Clinician's Guide to Think Good – Feel Good: Using CBT with children and young people
ISBN 0-470-02508-5

© 2005, John Wiley & Sons Ltd., The Atrium, Southern Gate, Chichester, West Sussex PO19 8SQ, England. All Rights Reserved.
Authorized translation from the english language edition
published by John Wiley & Sons, Ltd.

Capa
Mário Röhnelt

Preparação do original
Edna Calil

Leitura final
Carla Rosa Araujo

Supervisão editorial
Monica Ballejo Canto

Projeto e editoração
Armazém Digital Editoração Eletrônica – Roberto Vieira

Reservados todos os direitos de publicação, em língua portuguesa, à
ARTMED® EDITORA S.A.
Av. Jerônimo de Ornelas, 670 - Santana
90040-340 Porto Alegre RS
Fone (51) 3027-7000 Fax (51) 3027-7070

É proibida a duplicação ou reprodução deste volume, no todo ou em parte, sob quaisquer formas ou por quaisquer meios (eletrônico, mecânico, gravação, fotocópia, distribuição na Web e outros), sem permissão expressa da Editora.

SÃO PAULO
Av. Angélica, 1091 - Higienópolis
01227-100 São Paulo SP
Fone (11) 3665-1100 Fax (11) 3667-1333

SAC 0800 703-3444

IMPRESSO NO BRASIL
PRINTED IN BRAZIL
Impresso sob demanda na Meta Brasil a pedido de Grupo A Educação.

Sobre o Autor

O Dr. Paul Stallard graduou-se em Psicologia Clínica na Universidade de Birmingham em 1980. Trabalhou com crianças e adolescentes em West Midlands, antes de ser transferido para o Departamento de Psiquiatria da Criança e da Família, em Bath, em 1988. Ele é professor-convidado na Universidade de Bath como Professor de Saúde Mental da Criança e da Família, e tem recebido uma série de subvenções de pesquisa para explorar os efeitos do trauma e da doença crônica sobre as crianças. Publicou mais de 70 artigos revisados por especialistas, e suas pesquisas atuais incluem o uso da terapia cognitivo-comportamental com crianças, o transtorno de estresse pós-traumático e os efeitos psicológicos da doença crônica.

Agradecimentos

Muitas pessoas contribuíram, de uma maneira ou outra, para as idéias contidas neste livro. Em vez de escrever uma lista interminável de nomes, gostaria, simplesmente, de agradecer a todos que ajudaram a moldar e desenvolver as idéias aqui apresentadas.

Algumas pessoas, no entanto, fizeram contribuições especialmente significativas ou constantes, e a elas eu gostaria de agradecer especificamente. À minha família, Rosie, Luke e Amy, por sua paciência, encorajamento e apoio e, durante os estágios finais deste projeto, por simplesmente me agüentar! Às minhas colegas Julie, Lucy, Kate e Helen, por nossas proveitosas discussões e por seu constante entusiasmo e interesse. Finalmente, este livro não teria sido possível sem as crianças e os adolescentes que conheci. A criatividade e graça das crianças jamais deixam de me inspirar.

Sumário

1
Visão geral 13

Engajamento e prontidão para a mudança 15
Formulações 16
O processo socrático e o raciocínio indutivo 17
Envolvendo os pais na TCC focada na criança 17
O processo da TCC focada na criança 18
Adaptando a TCC à criança 19
Principais componentes dos programas de TCC para problemas internalizantes ... 20

2
Engajamento e prontidão para a mudança 21

Engajando a criança 21
Os estágios da mudança 22
Entrevista motivacional 28
Quando a TCC não é indicada? 36
A balança para avaliar a mudança 39

3
Formulações 41

Aspectos-chave de uma formulação 42
Miniformulações 43
Formulações cognitivas gerais 45
Formulações iniciais 47
Formulações complexas 55
Formulações específicas para um problema 57
Problemas comuns 60
A armadilha negativa 63
A armadilha negativa de quatro partes 64
Modelo de formulação inicial 65

4
O processo socrático e o raciocínio indutivo 67
Facilitando a autodescoberta 67
A estrutura do processo socrático 68
Raciocínio indutivo 69
O processo socrático 74
O processo socrático e o empirismo colaborativo 77
Como é um bom questionamento socrático? 78
Como ele funciona? 79
Problemas comuns 81
A cadeia de eventos 85

5
Envolvendo os pais na TCC focada na criança 87
A importância de envolver os pais 87
Benefícios clínicos do envolvimento parental 91
Modelo de mudança 91
O papel dos pais na TCC focada na criança 92
Envolvimento parental 95
Componentes comuns das intervenções focadas nos pais 100
Duas idéias finais 103
O que é a terapia cognitivo-comportamental (TCC)? 106
O que os pais precisam saber sobre a terapia cognitivo-comportamental (TCC) 108

6
O processo da TCC focada na criança 111
O processo terapêutico da TCC focada na criança 111
O processo *PRECISE* na prática 122

7
Adaptando a TCC à criança 127
O debate sobre a capacidade cognitiva 127
Adaptando a TCC para o uso com crianças 129
Visualização 135
Teste para o rastreador de pensamentos: quais são os erros de pensamento? 145
Tortas de responsabilidade 146
Quando fico preocupado 147
Quando fico zangado 148
Quando fico triste 149
Compartilhando nossos pensamentos 150

8
**Principais componentes dos programas
de TCC para problemas internalizantes** 153
Que equilíbrio deve haver entre estratégias cognitivas e comportamentais? 153
Precisamos focar diretamente as cognições e os processos disfuncionais? 155

Que cognições ou processos cognitivos podem ser importantes? 155
A mudança cognitiva resulta na melhora do problema? 156
A TCC é efetiva? 157
Quais são os componentes efetivos das intervenções de TCC? 157
Por onde é melhor começar? 158
Quantas sessões de tratamento são necessárias? 158
E as tarefas para fazer em casa? 159
Quais são os principais componentes dos programas padronizados de TCC? 160

Materiais psicoeducacionais 171
Vencendo a ansiedade 172
Derrotando a depressão 178
Controlando preocupações e hábitos 184
Lidando com o trauma 191

Referências 199
Índice 209

◄ CAPÍTULO UM ►

Visão Geral

A terapia cognitivo-comportamental (TCC) focada na criança é uma forma popular de psicoterapia amplamente utilizada nos dias de hoje para uma grande variedade de problemas de saúde mental apresentados por crianças e adolescentes. As bases empíricas da TCC focada na criança têm sido demonstradas por meio de inúmeros estudos controlados randomizados (ECR), que resultaram na crescente convicção, por parte dos terapeutas, de que a TCC é o tratamento de escolha para muitos transtornos. Embora as pesquisas avaliando a eficácia e efetividade da TCC focada na criança sejam mais substantivas do que aquelas que avaliam outras psicoterapias, as bases das pesquisas ainda são limitadas. O primeiro experimento controlado randomizado envolvendo a TCC focada na criança foi relatado no início da década de 1990 e só recentemente foram publicados ECRs avaliando a TCC focada na criança para o transtorno obsessivo-compulsivo (TOC) (Barrett et al., 2004) e a síndrome de fadiga crônica (Stulemeijer et al., 2005). Da mesma forma, apenas um ECR foi publicado sobre a TCC focada na criança, para fobias específicas (Silverman et al., 1999a) e fobia social (Spence et al., 2000), e nenhum sobre a eficácia da TCC para o tratamento da anorexia nervosa.

Os resultados dos ECRs são, de modo geral, positivos e salientam que a TCC focada na criança resulta em consideráveis ganhos pós-tratamento e no curto prazo, quando comparados em grupos de lista de espera ou no emprego de placebo. Entretanto, os benefícios de mais longo prazo ou a superioridade da TCC focada na criança em relação a outras intervenções ativas receberam, comparativamente, menos atenção e ainda não foram consistentemente demonstrados. Similarmente, ainda não foram definidas as principais características que diferenciam a TCC da terapia comportamental; a extensão e o foco específico de intervenções no domínio cognitivo e em supostos processos cognitivos disfuncionais variam consideravelmente; pouco se sabe sobre os componentes efetivos do tratamento ou seu seqüenciamento; ainda não está clara a maneira ótima de envolver os pais e seu papel específico na TCC focada na criança.

Apesar dessas limitações, o interesse pela TCC focada na criança continua aumentando e resultou em uma variedade de materiais e livros de exercícios, estruturados para ajudar o terapeuta a realizar a TCC com crianças. Existem manuais específicos, como o programa *Coping cat* para crianças com ansiedade (Kendall, 1990); o livro de exercícios *Stop and think* para crianças impulsivas (Kendall, 1992); *Keeping your cool: the anger management workbook* (Nelson e Finch, 1996); o programa *Freedom from obsessions and compulsions using special tools* (FOCUS) (Barrett et al., 2004) e o *Adolescent coping with depression course* (Clark et al., 1990). Além desses, há materiais para ajudar crianças com problemas de habilidades sociais (Spence, 1995), síndrome de fadiga crônica (Chalder e Hussain, 2002) e programas de prevenção de ansiedade e depressão como o

FRIENDS (Barrett et al., 2000a). Também existem livros com idéias práticas para o terapeuta adaptar a TCC para utilização com crianças e adolescentes (Friedberg e McClure, 2000; Reinecke et al., 2003; Stallard, 2002a).

Materiais como esses constituem uma rica fonte de idéias para informar o terapeuta e facilitar sua prática clínica da TCC focada na criança. Este aumento na disponibilidade de materiais sobre a criança é bem recebido e serve para destacar o foco que existe hoje no que fazer (isto é, estratégias específicas) e não no como fazer (isto é, o processo). Talvez surpreenda a menor atenção, comparativamente, que vinha sendo dedicada ao processo da realização da TCC focada na criança. Prestar atenção ao processo da TCC focada na criança é essencial e garante que o modelo teórico e os princípios básicos que a fundamentam estarão muito presentes no pensamento do terapeuta. Isso o ajudará a adaptar e empregar a TCC de uma maneira coerente e teoricamente sólida e evitará a abordagem simplista de muitos terapeutas, que simplesmente mergulham no modelo adotando e utilizando estratégias individuais de maneira desconectada e não-informada.

Bons pensamentos-bons sentimentos (Stallard, 2002a*) trouxe uma série de idéias práticas sobre como algumas das técnicas específicas da TCC poderiam ser transformadas e adaptadas ao uso com crianças. O livro utiliza três personagens para explorar os três domínios da TCC: as cognições (o Rastreador de Pensamentos), as emoções (o Descobridor de Sentimentos) e o comportamento (o Realizador). O *Guia do terapeuta para os bons pensamentos-bons sentimentos* vai além dessas estratégias e focaliza o processo que fundamenta seu uso. Este livro não pretende ser prescritivo e não defende um modelo ou estilo específico de TCC focada na criança. Ao contrário, ele tem por objetivo promover uma maior consciência de algumas das questões-chave que precisam ser consideradas e integradas à terapia de uma maneira que auxilie o terapeuta, a criança e seus pais, maximizando a efetividade da intervenção.

Sendo assim, este livro considerará algumas questões clínicas, entre as quais:

- A criança está pronta para se engajar ativamente na TCC?
- A motivação da criança pode ser aumentada?
- Como se faz uma formulação de caso na TCC?
- Que tipo de estrutura deve-se usar nessa formulação?
- Os pais deveriam ser envolvidos na TCC focada na criança?
- Como eles deveriam ser envolvidos, e isso faria alguma diferença?
- Quais são os principais elementos dos programas de TCC para transtornos específicos?
- Por onde se deve começar?
- Como o terapeuta pode trabalhar em parceria com a criança?
- Como o processo de descoberta orientada pode ser facilitado?

No curso deste livro, o leitor será encaminhado a alguns dos materiais de *Bons pensamentos-bons sentimentos* (referidos como BPBS). Isso é feito para dar exemplos de como algumas técnicas e idéias da TCC podem ser adaptadas para facilitar o processo de trabalhar com crianças. Novamente, o autor não está sendo prescritivo, e sim tentando dirigir o leitor para materiais e exemplos práticos que podem ser modificados e empregados para informar seu trabalho clínico.

---

*N. de R. Publicado pela Artmed Editora, em 2004.

▶ Engajamento e prontidão para a mudança

No início do processo terapêutico, o terapeuta se reúne com a criança e os pais (ou responsáveis) para avaliar a extensão e a natureza das atuais preocupações e os resultados que eles gostariam de obter. Esse ponto de partida é um pouco mais fácil para os terapeutas no trabalho com adultos, uma vez que seus clientes geralmente já estão motivados e preparados para se engajar na terapia. A criança, normalmente, não procura tratamento por conta própria, talvez não partilhe as preocupações identificadas por seus cuidadores e, portanto, talvez não se veja como responsável por assegurar mudanças. Assim, ela pode parecer ansiosa, não-motivada ou desinteressada, sem planos de mudança.

Uma primeira tarefa importante é avaliar a sua prontidão para a mudança e identificar se ela tem algum problema que gostaria de tratar ou objetivos que gostaria de atingir. O modelo dos *Estágios de mudança* (Prochaska et al., 1992) oferece uma estrutura útil que conceitualiza a mudança como um processo, e não como uma decisão dicotômica. Essa estrutura pode ser usada para esclarecer em que ponto do ciclo de mudança a criança está e para informar o principal foco terapêutico. No estágio de *pré-contemplação* a criança não terá considerado a possibilidade ou, de fato, a necessidade de mudança. Esta consciência começa a se desenvolver durante o estágio de *contemplação*, de modo que, ao chegar ao estágio de *preparação*, a criança começa a se interessar e a se preparar para fazer algumas pequenas mudanças. A maior mudança ocorre durante o estágio de *ação*, com essas habilidades recentemente adquiridas sendo consolidadas durante o estágio de *manutenção*. O estágio final é o da *recaída*, em que a criança precisa lidar com alguma dificuldade nova ou com o retorno de seus antigos problemas, comportamentos disfuncionais ou processos cognitivos.

O modelo sugere que o principal foco terapêutico dependerá de onde a criança está no ciclo de mudança. O trabalho terapêutico mais importante, quando a criança estiver pronta para se engajar ativamente na TCC, ocorre durante os estágios de preparação, ação e manutenção. Nos estágios de recaída, pré-contemplação e contemplação, a principal preocupação do terapeuta é aumentar a motivação, o interesse e o comprometimento da criança com a mudança. Durante esses estágios, a *entrevista motivacional* pode fornecer ao terapeuta algumas idéias úteis. A entrevista motivacional fornece uma estrutura que ajuda a criança a verbalizar e a resolver sua *ambivalência* em relação a possíveis mudanças. A entrevista motivacional baseia-se na premissa central de que o desejo de mudança precisa vir da criança, em vez de ser resultado de pressão ou persuasão externas. Isso se consegue ajudando a criança a *desenvolver discrepância* entre onde ela está atualmente e onde gostaria, idealmente, de estar. *Evita-se confrontar ou desafiar a resistência da criança*, pois tentativas diretas de persuasão, argumentação ou desafio resultam numa polarização de opiniões que só serve para fortalecer a posição da criança. Em vez disso, o terapeuta deve *reforçar quaisquer sinais de auto-eficácia* ou comportamentos que possam indicar uma possível automotivação.

Durante a entrevista motivacional, o terapeuta avalia a percepção que a criança tem da *importância* da mudança, a sua *prontidão* para embarcar numa agenda de mudança e a sua confiança em *conseguir* isso.

▶ Formulações

Depois que a criança identificar possíveis objetivos e estiver preparada para se engajar na TCC, o processo de avaliação continua até se chegar a uma formulação. A formulação é o *entendimento compartilhado* dos problemas apresentados pela criança dentro de uma estrutura comportamental. A formulação tem uma importante *função psicoeducacional* e fornece a *hipótese de trabalho* atual, *que informa a intervenção*. A formulação é desenvolvida colaborativamente e fornece o máximo ou o mínimo de informações necessárias para ajudar a criança e os pais a compreenderem seus problemas.

Há muitos tipos diferentes de formulação. As mais simples são as *miniformulações*, que destacam a conexão entre dois ou três componentes do modelo cognitivo. Elas são especialmente úteis com crianças mais jovens, que podem achar mais fácil prestar atenção a apenas dois ou três elementos de cada vez, em vez de tentar simultaneamente lidar com múltiplos elementos envolvendo diferentes estruturas temporais (por exemplo, experiências passadas importantes ou eventos desencadeantes atuais), conceitos (por exemplo, distinguir entre diferentes níveis de cognição, como suposições e crenças centrais) ou domínios (por exemplo, cognitivo, emocional e comportamental). Portanto, uma miniformulação pode ajudar a criança a enxergar a conexão entre uma situação e a sua maneira de se comportar, ou entre seus pensamentos e sentimentos. Miniformulações simples podem ser desenvolvidas separadamente e depois combinadas, para se obter um resumo descritivo de como a criança pensa, sente e se comporta em uma determinada situação.

As *formulações cognitivas gerais* empregam os componentes-chave do modelo cognitivo geral para organizar e estruturar a formulação. A mais simples é a *formulação de manutenção* geral, em que são identificados *eventos desencadeantes* individuais e buscados os *pensamentos, sentimentos e comportamentos* resultantes. O modelo *A armadilha negativa* exemplifica uma estrutura que pode ser utilizada para se fazer uma formulação simples de manutenção. Podemos desenvolver melhor isso com o modelo *A armadilha negativa de quatro partes*, em que se separam os sentimentos dos *sintomas fisiológicos*. Isso é especialmente útil com crianças que interpretam as mudanças fisiológicas associadas aos seus sentimentos como um sinal de que estão mal fisicamente.

As *formulações iniciais gerais* fornecem um relato histórico dos problemas da criança, ao salientar experiências importantes e seu papel na criação da estrutura cognitiva da criança. São identificadas e resumidas as *experiências iniciais* importantes e as *crenças centrais, suposições, eventos desencadeantes, pensamentos automáticos, sentimentos e comportamentos*. As formulações iniciais podem ser relativamente simples, ou complexas, quando relacionamos alguns eventos/experiências precoces ou comportamentos parentais específicos ao desenvolvimento de crenças centrais específicas. É fornecido um *modelo de formulação inicial*.

As *formulações específicas para um problema* fornecem uma estrutura em que é usado um modelo teórico explicativo cognitivo para estruturar e organizar as informações relacionadas ao início e manutenção do problema da criança. Recentes avanços nas pesquisas resultaram em maior conhecimento sobre as cognições, sentimentos e comportamentos específicos associados a determinados problemas. Uma formulação específica para um problema, por exemplo, salientaria e integraria de maneira coerente quaisquer atribuições, crenças, vieses e comportamentos parentais específicos que descobrimos estarem associados à instalação e manutenção dos problemas da criança.

▶ O processo socrático e o raciocínio indutivo

Uma tarefa-chave da TCC é facilitar o processo de descoberta orientada pelo qual a criança é ajudada a reavaliar seus pensamentos, crenças e suposições e a desenvolver cognições e processos cognitivos alternativos, mais equilibrados, funcionais e úteis. Esse processo de autodescoberta e a promoção da auto-eficácia são facilitados pelo *questionamento socrático*, um diálogo em que a criança é ajudada a descobrir e prestar atenção a informações novas ou ignoradas. O diálogo socrático utiliza uma variedade de perguntas, cada uma com um foco diferente, que ajudam a criança a identificar e testar sistematicamente os seus pensamentos. As primeiras são as *perguntas de memória*, que tentam estabelecer fatos e esclarecer informações sobre eventos e sentimentos específicos. As *perguntas de tradução*, a seguir, exploram o significado que a criança atribui a esses eventos. As *perguntas de interpretação* buscam possíveis semelhanças, conexões ou generalizações entre e para outros eventos ou situações. As *perguntas de aplicação* ajudam a criança a utilizar seu conhecimento prévio e a considerar informações passadas que poderiam ser úteis no exame desses eventos atuais. Depois, são empregadas *perguntas de análise*, para ajudar a criança a avaliar sistematicamente seus pensamentos, suposições e crenças. As *perguntas de síntese* irão ajudá-la a considerar possibilidades novas ou alternativas. O processo se completa com as *perguntas de avaliação*, que ajudam a criança a reavaliar suas cognições à luz dos conhecimentos recentemente adquiridos.

São discutidas maneiras úteis de ajudar a criança a se envolver no processo de *raciocínio indutivo*, em que ela aprende a estabelecer limites apropriados para as suas definições ou vieses cognitivos universais. O raciocínio indutivo ajuda a criança a considerar informações novas ou ignoradas e, talvez, também a *perspectiva de uma terceira pessoa*, lança luz sobre *experiências passadas*, ou utiliza *metáforas* como uma maneira de se chegar a *comparações analógicas*. Um segundo método de raciocínio indutivo envolve um processo estruturado de *comparações causais eliminativas*, em que a suposta relação entre eventos é avaliada sistematicamente. Isso promove a *confirmação* ou *desconfirmação* do suposto relacionamento. É fornecida uma maneira visual de se compreender esta tarefa, a folha de exercícios *Elos na corrente*.

▶ Envolvendo os pais na TCC focada na criança

Durante a intervenção, precisamos tratar das influências sistêmicas importantes que contribuem para a instalação e manutenção dos problemas da criança ou que afetarão, positiva ou negativamente, os resultados do tratamento. A influência mais importante é a dos pais/responsáveis. Cada vez mais, os terapeutas reconhecem a necessidade de envolver os pais na TCC focada na criança. Entretanto, o papel dos pais e seu envolvimento na TCC variam consideravelmente. O papel mais limitado é o de *Facilitador*, em que eles participam de uma ou duas sessões psicoeducacionais destinadas a lhes ensinar sobre o modelo cognitivo e a informá-los sobre as habilidades que seu filho estará aprendendo. O papel seguinte é o de *co-terapeuta*, em que eles participam do mesmo programa de tratamento que a criança. O principal foco da intervenção continua sendo a resolução dos problemas da criança, o envolvimento parental tem por objetivo facilitar a transferência e o uso de habilidades no ambiente cotidiano da criança. Alguns programas têm envolvido os pais como *co-clientes*, situação em que o comportamento deles se torna um alvo direto da intervenção. Além de a criança receber a TCC para ajudá-la a tratar de seus problemas, os pais recebem ajuda para as próprias dificuldades ou aprendem novas habilidades, tais como manejar ou resolver conflitos. Eles também podem ser ajudados a tratar de quaisquer comportamentos seus que contribuíram para o desenvolvimento ou manutenção dos problemas da criança. O modelo final é aquele em que *os pais são os clientes* e, portanto, o principal foco de intervenção e mudança. A criança não precisa participar das sessões terapêuticas, e a intervenção tem como foco o tratamento de importantes cognições disfuncionais dos pais. Essas cognições podem ter relação com a criança, com as razões para o comportamento da criança ou com a eficácia dos pais. Essa pode ser precursora de uma intervenção subseqüente que, depois de terem sido tratados distorções e vieses parentais, terá mais chance de ser bem-sucedida.

Embora haja uma ampla aceitação entre os terapeutas de que é essencial o envolvimento parental na TCC focada na criança, comparativamente poucos estudos examinaram a importante questão de que se isso aumenta a eficácia do tratamento. Os resultados de estudos controlados randomizados que investigaram isso são surpreendentes. Os ganhos adicionais às vezes são modestos, mas todos confirmam, de forma limitada, que os efeitos da TCC focada na criança podem ser melhorados pelo envolvimento parental.

Apesar da considerável variabilidade no papel e envolvimento dos pais na TCC focada na criança, a maioria das intervenções compartilha alguns aspectos. Todas envolvem uma *psicoeducação,* em que os pais são ensinados sobre o modelo cognitivo e recebem uma explicação cognitiva dos problemas da criança. São fornecidos materiais tanto para as crianças (*O que é a terapia cognitivo-comportamental [TCC]?*) como para os pais (*O que os pais precisam saber sobre a terapia cognitivo-comportamental [TCC]*) explicando o modelo, os objetivos e o processo da TCC. É enfatizado o *manejo de contingências*, em especial a necessidade de os pais elogiarem e prestarem atenção ao uso que a criança faz das novas habilidades, ao mesmo tempo em que devem ignorar cognições, sentimentos ou comportamentos indesejados. Esses programas para tratar a ansiedade infantil envolvem, tipicamente, um componente destinado a reduzir a *ansiedade dos pais*. Cognições parentais importantes, tendenciosas e disfuncionais, que interferem ou limitam a capacidade dos pais de apoiar a criança, são sistematicamente tratadas e desafiadas como parte de um processo de *reestruturação cognitiva*. Finalmente, muitos tentam melhorar o *relacionamento pais-criança* ensinando novas habilidades, como resolução de conflitos, solução de problemas ou manejo geral de comportamentos.

▶ O processo da TCC focada na criança

A natureza específica do relacionamento terapêutico em que se realiza a TCC focada na criança tem recebido comparativamente pouca atenção. Embora geralmente reconhecidas como um importante moderador dos resultados do tratamento, ainda não foram identificadas as habilidades específicas de relacionamento que são importantes. Um modelo baseado no processo *PRECISE* é proposto como uma maneira de conceitualizar algumas das habilidades que promoverão os princípios-chave de colaboração e descoberta orientada que fundamentam a TCC.

O primeiro princípio tem a ver com o desenvolvimento de uma *Parceria* entre o terapeuta e a criança, em que se promove uma forma de trabalhar aberta e colaborativa, e se destaca e estimula a contribuição importante e ativa da criança para o processo terapêutico. A intervenção, a seguir, deve ser adaptada no *nível de desenvolvimento correto*, para que a criança possa se engajar totalmente no processo da TCC. Isso requer que os conceitos e as estratégias da TCC sejam adaptados de modo a se tornarem compatíveis com o desenvolvimento lingüístico, cognitivo e social da criança. A *Empatia* é uma parte importante do processo, e o terapeuta deve demonstrar interesse e tentar compreender o mais completamente possível como a criança percebe o seu mundo e os acontecimentos. Isso também transmite à criança a mensagem de que suas idéias são importantes e o terapeuta quer ouvi-las. *Criatividade* é o processo pelo qual o terapeuta desperta e mantém o interesse da criança, uma vez que ajusta cuidadosamente os conceitos e estratégias da TCC aos interesses particulares da criança. A idéia da descoberta orientada é promovida pela idéia da *Investigação*, em que a criança é encorajada a identificar suas crenças e suposições e a fazer experimentos comportamentais para testá-las objetivamente. *Autodescoberta e eficácia* promovem a noção de capacitação e encorajam a criança a recorrer às próprias idéias e a descobrir as próprias soluções. Isso envolve ajudá-la a identificar e reconhecer experiências prévias bem-sucedidas, suas forças ou habilidades, e a examinar se elas podem ser empregadas para ajudar na presente situação. Finalmente, a TCC com crianças precisa ser *Prazerosa*, de modo que o processo seja divertido, interessante e envolvente

▶ Adaptando a TCC à criança

Tem havido considerável debate sobre a idade a partir da qual a criança é capaz de participar da TCC. Essa discussão focaliza, essencialmente, a questão de a criança pequena possuir ou não a plataforma cognitiva necessária para participar da TCC ou de a TCC ter sido ou não suficientemente adaptada para que a criança tenha acesso a ela. Esse argumento será brevemente revisado, e discutiremos as demandas cognitivas e a capacidade da criança de se engajar na TCC.

Salientamos a necessidade de adaptar a TCC utilizando mais técnicas não-verbais. *Jogos* são um meio com o qual a criança está familiarizada, e podem ser usados para esclarecer alguns dos conceitos-chave da TCC, ou para ensinar e praticar estratégias ou habilidades específicas de solução de problemas. *Marionetes* são uma maneira segura e interessante de comunicação com a criança pequena. Elas podem ser usadas para os propósitos de *avaliação*, para *esclarecer problemas comuns* ou *para dar o modelo de novas habilidades*, e para envolver a criança em dramatizações em que ela pode *praticar* o uso de habilidades de enfrentamento mais úteis. A *narração de histórias* é outra maneira conhecida de comunicação com a criança e pode ser usada para diferentes propósitos. *Histórias orientadas* ou *livros* podem ser usadas para o propósito de avaliar pensamentos ou sentimentos potencialmente importantes. *Histórias terapêuticas* podem ser usadas para ajudar a criança a considerar e prestar atenção a novas informações que a ajudarão a reavaliar suas cognições. *Geração de imagens mentais* também constituem um meio útil, com as imagens sendo usadas para *avaliação* e *psicoeducação*. Fotos ou figuras, por exemplo, podem ser usadas como deixas visuais para eliciar possíveis pensamentos ou para salientar a conexão entre pensamentos e sentimentos. A *geração de imagens mentais* também pode ser terapêutica quando a imagem ajudar a *modificar o conteúdo emocional* de situações problemáticas. A *geração de imagens mentais emotivas* ajuda a criança a desenvolver imagens incompatíveis com raiva ou medo, como imagens tranqüilizadoras ou engraçadas. Finalmente, há uma variedade de outros métodos não-verbais que podem ser empregados para complementar e melhorar o componente verbal do tratamento. *Histórias em quadrinhos e balões de pensamento* podem ser usados para avaliar cognições e pensamentos; *diagramas*, para salientar as formas de enfrentamento úteis e as indesejáveis; *gráficos de fatias e escalas de avaliação*, para quantificar sentimentos ou para identificar e reavaliar atribuições; *externalizar* problemas desenhando-os ajuda a separar a criança dos seus problemas e é uma maneira de torná-los menos abstratos.

O *Teste identificando erros de pensamento* é um exemplo de um teste simples que pode ser usado para ajudar a criança a identificar os diferentes erros de pensamento que ela pode estar fazendo. Disponibilizamos folhas de exercícios listando as mudanças emocionais e comportamentais comuns associadas às emoções de *preocupação, raiva e tristeza*. Também fornecemos um exemplo de uma *torta de responsabilidade* e uma folha de exercícios para ajudar as crianças mais jovens a compreenderem que um balão de pensamento representa seus pensamentos (*Compartilhando nossos pensamentos*).

▶ Principais componentes dos programas de TCC para problemas internalizantes

Existe uma variação significativa nos componentes específicos da terapia, no seqüenciamento e na ênfase cognitiva das intervenções abrangidas sob o nome geral de TCC. A TCC não é uma intervenção homogênea realizada de maneira padronizada; ao contrário, ela adota múltiplas estratégias combinadas e empregadas de diferentes maneiras com um grupo heterogêneo de clientes, de diferentes idades e diferente desenvolvimento cognitivo, lingüístico e social. Pouco se sabe, comparativamente, sobre os componentes efetivos ou se a TCC pode ser intensificada focando-se diretamente aquelas suposições-chave que acreditamos serem a base dos problemas da criança. O número de sessões necessárias na TCC focada na criança varia, e pouca atenção foi dada à avaliação das mudanças cognitivas ou sua suposta relação com a resolução dos problemas.

Sugerimos uma abordagem de três níveis na realização da TCC. As intervenções de *Nível 1* são principalmente *psicoeducacionais* e têm por objetivo desenvolver uma clara formulação de TCC explicando a instalação e/ou a manutenção dos problemas da criança. As intervenções de *Nível 2* são o próximo estágio do tratamento e visam a desenvolver e a promover habilidades e estratégias específicas que ajudarão a criança a *lidar com determinados problemas*. As intervenções de *Nível 3* buscam identificar, testar e reavaliar comportamentos e *cognições disfuncionais gerais* presentes em inúmeras situações. Além disso, elas preparam a criança para possíveis recaídas.

Examinaremos os principais componentes dos programas de tratamento padronizados que foram avaliados e adotados em *transtornos de ansiedade, depressão, transtorno obsessivo-compulsivo e transtorno de estresse pós-traumático*, e destacaremos as cognições potencialmente importantes. São fornecidas folhas de resumo psicoeducacional para cada um desses problemas, contendo uma visão geral de sintomas comuns e algumas das estratégias específicas que podem ser úteis: *Vencendo a ansiedade*; *Derrotando a depressão*; *Controlando preocupações e hábitos* e *Enfrentando o trauma*.

◄ CAPÍTULO DOIS ►

Engajamento e prontidão para a mudança

Engajando a criança

O processo de engajar e criar a prontidão da criança para participar ativamente da terapia e nela permanecer são questões importantes que precisam ser avaliadas. Segundo Graham (2005), o engajamento requer que a criança reconheça:

- que existe uma dificuldade ou um problema;
- que esse problema pode ser modificado;
- que a forma de ajuda oferecida pode promover essa mudança;
- que o terapeuta é capaz de ajudar a criança a desenvolver as habilidades necessárias para que ela consiga essa mudança.

O processo de engajar a criança é particularmente complexo, e muitas barreiras possíveis precisam ser reconhecidas e superadas antes que a criança esteja pronta para colaborar na TCC. Em especial:

- As crianças não costumam buscar ajuda por conta própria. Elas geralmente são encaminhadas por outros e, portanto, a consciência de que os problemas são seus ou a motivação para engajar-se em qualquer forma de terapia podem ser, no início, extremamente limitadas.
- As crianças talvez não compartilhem as preocupações daqueles que as encaminharam. Um exemplo freqüente é o não-comparecimento escolar, em que o objetivo dos pais e da escola de assegurar o comparecimento talvez não seja a maior prioridade ou, de fato, uma prioridade compartilhada pela criança.
- As crianças podem achar que a responsabilidade pelo problema que as traz ao tratamento é de outra pessoa. Por exemplo, um adolescente encaminhado com problemas de manejo da raiva descreveu claramente suas explosões de fúria como responsabilidade da professora, comentando: "Se ela não pegasse tanto no meu pé, eu não ficaria furioso e descontrolado".
- As crianças podem ser incapazes de pensar sobre como as coisas poderiam ser diferentes ou de identificar alvos específicos. Esse é um problema comum em crianças que estão muito acostumadas com sua atual situação e são incapazes de refletir sobre como isso poderia mudar ou mesmo ser diferente. Isso aparece freqüentemente em comentários do tipo: "Eu não sei por que mudar; isso sempre foi assim".

Por razões como essas, as crianças podem inicialmente estar relutantes, ansiosas, desmotivadas, desinteressadas ou aborrecidas. Portanto, precisamos prestar especial atenção ao processo de engajar e avaliar a prontidão da criança para mudar e ao seu compromisso com a mudança. O processo de engajamento pode levar tempo, conforme as metas, objetivos e prioridades da intervenção são eliciados, negociados e priorizados como um ponto de partida aceitável tanto para a criança como para seus cuidadores.

> O engajamento e a identificação de uma agenda compartilhada precisam ser cuidadosamente considerados, uma vez que as crianças:
> - não costumam procurar terapia por conta própria;
> - talvez não tenham consciência de que as dificuldades identificadas são suas;
> - podem acreditar que a responsabilidade pela mudança não é delas;
> - podem ser incapazes de pensar sobre como a presente situação poderia ser diferente.

▶ Os estágios da mudança (Prochaska et al., 1992)

Uma estrutura útil para considerar a prontidão da criança para participar ativamente da terapia é encontrada no modelo dos Estágios da Mudança (Prochaska et al., 1992), que tem sido extensivamente utilizado no campo do uso abusivo das drogas e do álcool. O modelo esclarece como a prontidão do cliente para a mudança é um processo que se desenvolve gradualmente, varia no decorrer do tempo e não é simplesmente uma decisão dicotômica. A suposição clínica implícita no modelo é que o comportamento do terapeuta precisa refletir em que ponto a criança está no ciclo da mudança. Portanto, o modelo oferece uma estrutura que pode ajudar o terapeuta a orientar e adaptar o foco do processo terapêutico no nível apropriado.

A estrutura conceitualiza o indivíduo como indo de uma condição de relutância ou desmotivação para fazer qualquer mudança até a condição de considerar possíveis alvos, e depois decidir e se preparar para fazer algumas pequenas alterações em seu comportamento. Depois ocorrem mudanças mais determinadas e significativas, com essas novas habilidades sendo incorporadas à vida cotidiana e mantidas no decorrer do tempo. Inevitavelmente, isso será seguido por um certo grau de recaída. Nesse estágio, a confiança talvez precise ser reconstruída e, então, incentiva-se a reflexão sobre experiências passadas e estratégias úteis.

Compreender a prontidão da criança para mudar e onde ela está no ciclo ajudará a determinar o tipo e o foco principal da intervenção. Conforme mostra a Figura 2.1, nos estágios iniciais o terapeuta se preocupa mais em garantir e aumentar o compromisso da criança com a mudança, pelo uso de técnicas da entrevista motivacional. É só nos últimos estágios, depois que a criança identificou as mudanças que deseja alcançar, que a TCC é apropriada.

■ Pré-contemplação

É neste estágio que muitas crianças têm o seu primeiro contato com o terapeuta. Geralmente, elas comparecem à sessão devido à pressão de alguém, apresentam pouca ou nenhuma consciência de que o problema existente é parte delas, e não consideraram a necessidade, ou até a possibilidade, de mudança. A criança pode parecer zangada ou negar, afirmando: "Eu não tenho nenhum problema" ou "Não há nada de errado comigo". Ela pode parecer desinteressada: "Eu não preciso estar aqui", ou resignada à presente situação: "Eu sempre me senti assim". Alter-

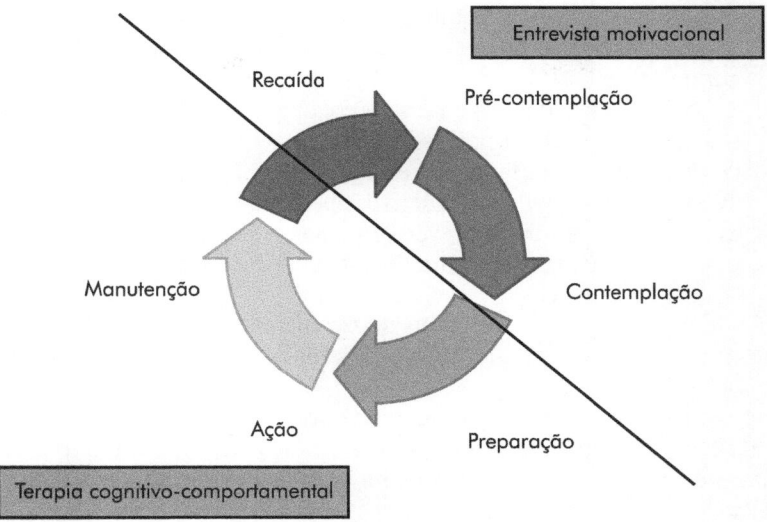

Figura 2.1 O modelo dos Estágios da Mudança e o principal foco terapêutico.
Fonte: Prochaska e colaboradores (1992). In search of how people change. *American Psychologist*, 47, 1102-1104.

nativamente, ela pode parecer desmotivada, sentindo não ter nenhum controle sobre o que acontece: "Não há nada que eu possa fazer a respeito disso". Afirmações como essas indicam desesperança ou resistência. Elas sinalizam que a criança não identificou o problema, não tem nenhuma perspectiva possível de mudança ou mesmo não acredita que a situação atual poderia ser diferente.

Armadilha terapêutica

Em situações como essas existe uma tendência natural no terapeuta de se esforçar para convencer ou persuadir a criança de que a mudança é necessária e, de fato, possível. O terapeuta, portanto, se engaja num processo ativo de argumentação ou debate, como uma maneira de demonstrar que a criança tem um problema que "precisa" ser tratado. Freqüentemente, isso resulta em crescente resistência ou num ceticismo manifesto por parte da criança, que pode passar a discutir com o terapeuta – e ambos ficarão cada vez mais polarizados em suas respectivas posições. Alternativamente, a resistência pode ser encoberta, e a criança assume um papel mais passivo e parece quieta, distante e desinteressada, pois sente que suas idéias estão sendo crescentemente ignoradas ou descartadas como pouco importantes.*

A fim de evitar que essa situação negativa se desenvolva, o terapeuta deve tentar evocar as idéias da criança sobre possíveis alvos e a possibilidade de mudança. Isso pode exigir uma cuidadosa avaliação de seu conhecimento, para avaliar se sua aparente passividade se deve à falta de informação. Colocar no contexto as dificuldades da criança e esclarecer como a situação poderia ser diferente vai lhe dar novas informações, a partir das quais ela pode considerar possíveis metas e a necessidade real de mudança.

---

*N. de R.T. A este respeito, sugerimos a leitura da obra de Jeremy Safran *Ampliando os limites da terapia cognitiva*. Porto Alegre: Artmed, 2002.

- "Algumas crianças têm dificuldade para fazer trabalhos escritos na escola, mas às vezes podem ser ajudadas a colocar suas idéias no papel usando o computador."
- "As crianças freqüentemente se preocupam com seus pais, mas muitas podem ser ajudadas a controlar essas preocupações, para que possam fazer coisas como dormir na casa de um amigo."
- "Você me disse que a sua professora pega no seu pé e que este problema é dela. Mas me disse também que você é o único aluno que ela pega no pé. Há alguma outra coisa que você faz para que ela note você mais do que os outros?"

Identificar possíveis lacunas no conhecimento da criança oferecendo novas informações pode ajudá-la a reconsiderar a necessidade, e a possibilidade, de mudança.

As perguntas durante o estágio da pré-contemplação devem ter por objetivo identificar discrepâncias entre onde a criança está agora e onde ela gostaria de estar no futuro. As perguntas devem enfatizar que o terapeuta está interessado em saber mais sobre as suas idéias:

- "Há alguma coisa em casa ou na escola que **você** gostaria que fosse diferente?"
- "Quais são as **suas** maiores preocupações no momento?"
- "Quando isto seria uma preocupação ou um problema para **você**?"
- "O que teria de acontecer para **você** querer que as coisas mudassem e fossem diferentes?"

No entanto, devemos observar que algumas crianças têm muita dificuldade em visualizar futuras mudanças. A criança tende a ter uma perspectiva mais orientada para o presente do que para o futuro. Ela pode ter ainda uma dificuldade para identificar um futuro diferente ou os potenciais benefícios de uma intervenção que talvez demorem a acontecer (Piacentini e Bergman, 2001).

Se a criança continuar incapaz de identificar quaisquer possíveis objetivos, o terapeuta precisa reconhecer isso. Ele deve devolver o que a criança falou, enfatizar a importância das suas idéias e, ao mesmo tempo, salientar que está à sua disposição para ajudá-la e apoiá-la sempre que ela quiser. Assim, o terapeuta continua otimista e acessível, mas reconhece que talvez não seja o momento certo para começar um programa de mudança ativa.

> O objetivo terapêutico no estágio de pré-contemplação é salientar a discrepância entre a situação atual e o que criança gostaria de conseguir.

■ Contemplação

Neste estágio, a criança começa a identificar algumas possíveis áreas que ela gostaria de mudar, mas pode demonstrar insegurança sobre a possibilidade de conseguir isso. Desta forma, ela pode parecer ambivalente e, muitas vezes, começará qualquer afirmação positiva mencionando obstáculos e barreiras que impediriam a realização da mudança, como, por exemplo:

- "Eu imagino que isso seria bom... **mas**... vai demorar demais."
- "Seria bom se isso fosse diferente... **mas**...eu não vou me incomodar."
- "Isso facilitaria as coisas... **mas**...não sei se vai dar certo."

Armadilha terapêutica

O terapeuta, geralmente animado pela crescente motivação da criança, tenta reforçar essa maior convicção ajudando-a a reconhecer que as coisas podem dar certo e que ela pode conseguir mudanças efetivas. Muitas vezes, isso resulta na introdução de tarefas ou experimentos comportamentais como uma maneira de capacitar positivamente a criança, bem como testar objetivamente suas predições e demonstrar que a mudança realmente seria possível.

A armadilha terapêutica neste estágio é seguir rápido demais para experimentos e metas, mais elaborados, sem atentar as possíveis barreiras e obstáculos que possivelmente apareceriam. Ao contrário, antes de realizar qualquer experimento, o terapeuta deve explorar cuidadosamente com a criança os potenciais benefícios e obstáculos à mudança. A elaboração completa dessas questões cria oportunidades de salientar e de reconhecer incertezas, discutir qualquer ambivalência e preparar a criança para quaisquer possíveis problemas, aumentando assim a probabilidade de sucesso.

Perguntas que podem ajudar a criança a articular sua ambivalência e começar a identificar possíveis soluções incluem:

- "O que **poderia impedir você** de tentar isso?"
- "O que **poderia dar errado**?"
- "O que **poderia ajudar** você a experimentar fazer isso?"
- "O que **ajudou** no passado?"

> O objetivo terapêutico no estágio de contemplação é a realização de uma cuidadosa análise da ambivalência e de potenciais obstáculos, a fim de maximizar a probabilidade de sucesso subseqüente.

■ Preparação

Neste estágio, a criança está pronta para fazer algumas pequenas mudanças. Ela terá identificado possíveis metas, elaborado sua ambivalência, discutido possíveis obstáculos aos seus objetivos e está preparada para experimentar a mudança. No entanto, talvez ela não esteja muito confiante em relação à probabilidade de sucesso e pode focalizar ou mesmo citar episódios prévios em que tentou e falhou.

O objetivo do terapeuta é continuar desenvolvendo a crescente motivação e confiança da criança, maximizando a possibilidade de uma experiência bem-sucedida. Ele pode fazer isso investigando experiências anteriores e focando a atenção da criança em algumas das habilidades, pensamentos e comportamentos que foram importantes e úteis no passado. O terapeuta adota assim um foco positivo, enfatizando as habilidades e estratégias úteis da criança, ao mesmo tempo em que lança luz sobre outras possíveis armadilhas que precisam ser consideradas e tratadas.

Armadilha terapêutica

Os primeiros passos no processo de mudança são claramente importantes. A fim de aumentar a motivação e a confiança da criança é importante que ela experiencie um certo grau de sucesso inicial. Os primeiros passos e metas, portanto, precisam ser pequenos e exeqüíveis, para podermos aproveitar esse *momentum* positivo.

Alvos maiores são atraentes e podem ser vistos positivamente como uma determinação da criança em assegurar mudanças, mas esse entusiasmo precisa ser cuidado para permitir que a sua frágil confiança vá aumentando progressivamente.

A possível armadilha é selecionar metas excessivamente ambiciosas, demoradas demais ou fora do raio de influência da criança e, portanto, excedendo sua capacidade de mudar. Metas maiores aumentam a probabilidade de a criança falhar ou não ter sucesso. Nos primeiros estágios é importante que ela obtenha algum *feedback* positivo mais imediato, que irá aumentar sua crescente motivação. Metas demoradas ou que resultarão numa gratificação retardada devem ser evitadas neste estágio. Por exemplo, a criança pode selecionar como meta iniciar um contato social com um grupo de crianças – e acabar descobrindo que esse grupo a esnoba e a rejeita. O resultado desse experimento depende dos outros e, portanto, deve ser evitado. Portanto, fracassos iniciais podem reforçar possíveis crenças de incapacidade, ou falta de controle, e desencorajar futuras tentativas de mudança.

Conseqüentemente, é importante que o terapeuta assegure que as metas potenciais:

- sejam realistas;
- sejam para um curto prazo;
- sejam exeqüíveis, para que a criança experiencie um sucesso inicial;
- dependam, para sua realização, da criança ou de seus pais;
- resultem em alguma forma de recompensa ou reforço positivo.

> A meta terapêutica no estágio de preparação é ajudar a criança a identificar metas modestas, realistas e atingíveis.

■ Ação

Este é o estágio em que a criança está pronta para se engajar completamente na terapia e assegurar mudanças significativas. Ela, agora, está pronta para participar ativamente da TCC e tirar vantagem de seus sucessos iniciais. O terapeuta fornece a estrutura da TCC, as habilidades e a orientação que ensinarão à criança sobre o modelo cognitivo, darão uma explicação cognitiva de suas dificuldades e permitirão que ela desenvolva e aplique novas habilidades aos seus problemas específicos.

Armadilha terapêutica

Os principais problemas neste estágio são a possibilidade de a agenda e as metas da criança se perderem, a intervenção seguir num ritmo inadequado ou o processo colaborativo e ativo de descoberta orientada que fundamenta a TCC não ser mantido. Portanto, é importante que as metas concordadas estejam claras e o progresso rumo à sua realização seja regularmente examinado. A natureza do processo terapêutico tem de estar explícita, para que a criança esteja consciente de que tem um papel ativo e fará experimentos para descobrir o que pode ajudar. Igualmente, o terapeuta precisa estar atento ao processo da TCC e garantir que o processo e as técnicas sejam adaptados, para que sejam congruentes com o desenvolvimento da criança.

> - O estágio da ação é quando a TCC é posta em execução e se atinge uma mudança significativa.
> - Os objetivos e o processo que vai assegurar a sua realização precisam ser explicitados e regularmente revisados.

■ Manutenção

Durante o estágio de manutenção, a criança é encorajada a generalizar suas novas habilidades para diferentes situações e a monitorar e refletir sobre a prática dessas habilidades. O objetivo do terapeuta é estimular a integração dessas habilidades ao cotidiano da criança, para que as mudanças positivas sejam mantidas. Além disso, a criança é ajudada a considerar e esperar futuras dificuldades e a desenvolver habilidades de resolução de problemas que possam ser usadas para planejar e enfrentar futuras recaídas.

Armadilha terapêutica

Os problemas neste estágio tendem a ocorrer principalmente de duas formas. Em primeiro lugar, numa retirada precoce, o que resulta em a criança receber apoio insuficiente na implementação, testagem e uso das novas habilidades. Esse problema é comum e, freqüentemente, conseqüência da confiança e entusiasmo recentemente adquiridos pela criança, que fica ansiosa para acabar a terapia e "seguir sozinha". Possíveis problemas ainda não foram encontrados ou totalmente resolvidos, a criança fica centrada em seus sucessos, sem ter tido oportunidade de experienciar alguns obstáculos e dificuldades e sem ter sido ajudada e orientada suficientemente em seu enfrentamento.

O segundo problema possível é a criança não ter sido suficientemente preparada para potenciais obstáculos e suas novas habilidades de enfrentamento quando os problemas surgirem. Novamente, isso, em geral, é resultado do entusiasmo terapêutico em que as sessões celebram os sucessos obtidos em vez de planejarem como serão manejados possíveis problemas futuros.

Ambas essas questões precisam ser tratadas diretamente durante o estágio de manutenção, para que a criança seja preparada e ajudada a lidar com futuras dificuldades. Uma solução simples e fácil é dedicar uma sessão, especialmente, ao enfrentamento de futuros problemas e dificuldades. Além disso, combinar rotineiramente uma revisão de três em três meses proporciona uma oportunidade de monitorar progressos, resolver problemas e reforçar habilidades úteis.

> Durante o estágio de manutenção, a criança é ajudada a integrar suas habilidades à vida cotidiana e a planejar o que fazer nas dificuldades que surgirem.

■ Recaída

Inevitavelmente, a criança vai experienciar futuros problemas e obstáculos e encontrar situações em que seus antigos padrões e dificuldades retornarão. Quando isso acontecer, talvez ela questione a utilidade e efetividade das novas habilidades. O objetivo do terapeuta é manter a confiança da criança e incentivar a reflexão sobre como ela lidou com situações anteriores e o que considerou útil. Também é importante contestar quaisquer crenças sobre a permanência das dificuldades e, em especial, enfatizar que, apesar dos obstáculos, a criança foi capaz de mudar a situação positivamente no passado e provavelmente poderá fazer o mesmo novamente no futuro. O terapeuta permanece esperançoso e otimista enquanto ajuda a criança a prestar atenção às informações e habilidades que se mostraram úteis.

> Durante o estágio da recaída, o objetivo é ajudar a criança a refletir sobre habilidades e estratégias que se mostraram úteis no passado e incentivar seu uso.

Os estágios do modelo de mudança são uma maneira de se compreender a prontidão da criança para a mudança, o que, por sua vez, informa o principal foco terapêutico. A criança é mais capaz de se beneficiar da TCC durante os estágios de preparação, ação e manutenção. No final desses estágios, ela terá identificado possíveis objetivos e estará suficientemente motivada para assegurar sua realização. Entretanto, nos estágios de recaída, pré-contemplação e contemplação, o terapeuta deve se preocupar principalmente em aumentar a motivação da criança. Durante esses estágios, as técnicas de entrevista motivacional são bastante úteis.

▶ Entrevista motivacional

A entrevista motivacional foi definida como "um estilo diretivo de aconselhamento centrado no cliente, que provoca mudanças comportamentais, ao ajudá-lo a explorar e resolver ambivalências" (Rollnick e Miller, 1995). O objetivo da entrevista motivacional é desenvolver a discrepância entre a situação atual e o que a criança idealmente desejaria. Por sua vez, acredita-se que a discrepância motiva a criança a buscar seus objetivos.

■ Princípios da entrevista motivacional

Rollnick e Miller (1995) enfatizam a necessidade de distinguir entre as técnicas usadas na entrevista motivacional e a filosofia que fundamenta o processo. O estilo terapêutico baseia-se na filosofia e nos sete princípios seguintes:

A motivação para mudar é eliciada do interior e não imposta do exterior

Os primeiros estágios da entrevista motivacional buscam ajudar a criança a identificar seus alvos potenciais de mudança. Devemos evitar as tentativas de motivar por ameaças externas ("Você sabe que será excluído da escola se não tentar controlar seu temperamento") ou persuasão ("Eu tenho certeza de que isto poderia ser diferente; então, por que você não tenta?").

■ A ambivalência precisa ser articulada e resolvida

Durante a entrevista motivacional, o terapeuta tenta facilitar um processo que permita que a criança expresse ambos os lados de sua ambivalência. Talvez ela nunca tenha tido antes essa conversa e a considere muito proveitosa. A criança é capaz de pesar possíveis vantagens e desvantagens de uma ação ou inação. Isso pode ajudá-la a ver as coisas com maior clareza e a fazer escolhas informadas quanto ao caminho que deseja seguir. Esse processo pode ser realizado de forma verbal ou como um exercício visual usando-se "A balança para avaliar a mudança".

Sam (14), por exemplo, estava ansioso para fazer amizade com Surinder, mas muito relutante em falar com ela. O exercício "A balança para avaliar a mudança" foi usado para ajudar Sam a comunicar sua ambivalência.

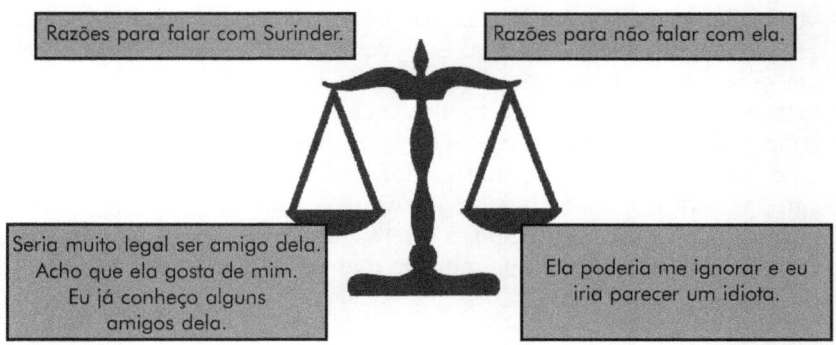

Embora pareça que há mais razões para Sam ir falar com Surinder, ficou claro que não era tão simples quando ele foi solicitado a avaliar a importância de cada item. Sam estava com muito medo de ser esnobado e ignorado, e isso pesava bem mais do que os potenciais benefícios.

A persuasão direta não é efetiva e serve para aumentar a resistência

As tentativas de motivar a criança persuadindo-a a tentar um determinado curso de ação geralmente não funcionam. Se a criança não vê o problema como seu, ela não estará comprometida com a mudança, e, portanto, não investirá no novo comportamento. Com adolescentes, tentativas diretas de persuasão podem ser contraprodutivas. A persuasão terapêutica geralmente resulta em maior hostilidade verbal à medida que a criança contesta as tentativas persuasivas do terapeuta, adotando uma postura mais rígida a qual ela se sente obrigada a defender e a justificar.

O processo leva o tempo que for necessário para que a ambivalência seja expressa, esclarecida e resolvida

O processo de entrevista motivacional pode parecer lento e, às vezes, frustrante. Mas esse é um processo que não pode ser apressado. Só depois que a criança identificou a necessidade de mudar e resolveu questões referentes à sua prontidão e confiança quanto a conseguir mudar é que a terapia pode começar. Essa abordagem lenta e exploratória muitas vezes entra em conflito com as expectativas e a estrutura temporal de outras pessoas, o que faz com que o terapeuta tenha de manejar pressões concomitantes de outras partes interessadas (pais, escola, etc.), que estão ansiosas por mudanças imediatas. O terapeuta, conseqüentemente, precisa continuar focado na criança como o seu parceiro no relacionamento terapêutico, ao mesmo tempo em que maneja e contém as demandas alheias.

A prontidão para a mudança tem flutuações ao longo do tempo

Durante a entrevista motivacional, o terapeuta precisa prestar especial atenção a sinais de resistência e negação, e usá-los para alterar o foco e o ritmo da entrevista. A criança pode, por exemplo, parecer comprometida com a busca de mudanças no final de uma sessão, mas estar resistente na sessão seguinte. Isso pode ser devido a uma variedade de eventos intervenientes que aumentaram a sua incerteza. Alternativamente, o terapeuta pode ter avaliado mal o comportamento da criança. Os sinais prévios, positivos, concordantes, podem ter sido mal-interpretados como sinais de automotivação, e não como uma aceitação passiva para agradar o terapeuta e encerrar a sessão. A prontidão para a mudança vai ter flutuações ao longo do tempo, e o terapeuta precisa continuar avaliando possíveis sinais de resistência que indicam que ele se adiantou muito no processo de mudança.

O terapeuta facilita ativamente a expressão da ambivalência

A entrevista motivacional é uma técnica focada e diretiva, em que a ambivalência da criança é vista como o obstáculo central que precisa ser resolvido antes de a mudança poder começar. A impressão que se tem é que os terapeutas não prestam atenção suficiente a esta tarefa e, muitas vezes, avançam para um contrato e estabelecimento de programas de intervenção antes de explorarem devidamente a ambivalência da criança. Por sua vez, isso aumenta a probabilidade de a criança se sentir "não ouvida", não se apropriar do processo, tornar-se crescentemente passiva ou hostil durante as sessões e abandonar a terapia prematuramente. O terapeuta precisa continuar focado no objetivo de facilitar ativamente a expressão da ambivalência por parte da criança. A incerteza dela precisa ser reconhecida e tratada de forma aberta e direta.

A entrevista motivacional ocorre em um modelo de parceria

Os aspectos-chave do relacionamento terapêutico são os mesmos da TCC e serão descritos mais detalhadamente no Capítulo Seis. O relacionamento é positivo e apoiador, e a criança é vista como um parceiro. Suas idéias são bem recebidas e respeitadas, mesmo que entrem em conflito com as do terapeuta ou de outras pessoas. A responsabilidade por determinar e garantir a mudança cabe à criança, e o terapeuta presta atenção a quaisquer sinais positivos e os reforça, tais como: a criança não faltar às sessões, conversar sobre os problemas, falar sobre sua ambivalência e seus sentimentos. A entrevista motivacional ajuda a criança a identificar e a perceber suas forças e as indicações positivas que sugerem uma crescente motivação para a mudança.

> A entrevista motivacional se baseia nos seguintes princípios:
>
> - A motivação para as mudanças vem do interior da criança, e não por persuasão externa.
> - A ambivalência da criança precisa ser articulada e resolvida.
> - O terapeuta trabalha em parceria com a criança para facilitar ativamente esse processo.
> - A resistência é uma reação ao comportamento do terapeuta e não constitui o problema da criança.

■ Prontidão, importância e confiança

A motivação da criança para mudar é multidimensional e, segundo Rollnick e colaboradores (1999), incorpora as dimensões de importância, prontidão e confiança.

- Importância é o reconhecimento e a necessidade que a criança sente de buscar resultados diferentes.
- Prontidão tem a ver com quão preparada a criança se sente para embarcar num processo ativo de mudança.
- Confiança é a capacidade da criança, e quão eficaz ela se percebe, para conseguir as mudanças desejadas.

Como parte do processo de entrevista motivacional, podemos pedir à criança que avalie a si mesma em cada uma dessas dimensões usando uma escala de avaliação simples de 10 pontos. Essa é uma maneira útil de quantificar a motivação da criança, que pode ser revisada em cada sessão para revelar variações e possíveis alterações positivas. Isso também pode ajudar o terapeuta a focar mais especificamente aquelas dimensões da motivação que estão baixas na criança.

- Baixa importância – o terapeuta precisa dar informações que ajudem a criança a reconhecer que resultados diferentes são possíveis, e a desenvolver discrepância entre a situação atual e seus planos futuros.
- Baixa prontidão – o terapeuta precisa explorar com a criança qual seria o momento certo para embarcar num processo de mudança e qual seria a melhor maneira de ela se preparar para conseguir isso.
- Baixa confiança – o terapeuta precisa ajudar a criança a descobrir as habilidades que foram úteis no passado e a desenvolver um plano sistemático que aumente a probabilidade de sucesso.

> A motivação da criança para mudar depende de sua percepção de quão importante é a mudança, quão pronta ela está para mudar e quão confiante está de conseguir isso.

■ Técnicas de entrevista motivacional

O processo da entrevista motivacional emprega algumas habilidades específicas de aconselhamento para atingir quatro objetivos:

- Ajudar a criança a se sentir compreendida.
- Desenvolver uma discrepância entre onde a criança está agora e onde ela gostaria de estar, em termos ideais.
- Evitar confrontar e desafiar a resistência.
- Ressaltar e apoiar a auto-eficácia.

Ajudar a criança a se sentir compreendida

Por meio da empatia se tenta compreender como a criança vê a si mesma, seu mundo e seu futuro. Quando alguém se sente compreendido e valorizado, fica mais preparado para discutir completa e abertamente seus temores e preocupações. Começa a parecer seguro verbalizar a incerteza e a ambivalência e, por sua vez, isso ajuda o terapeuta a compreender a posição da criança e o significado que ela atribui aos eventos.

Resumos são uma boa maneira de demonstrar empatia e mostrar claramente que o terapeuta ouviu, e realmente escutou, o que a criança disse. Isso é especialmente útil durante os estágios iniciais e mostra à criança que ela é importante, tem coisas úteis a dizer e o terapeuta quer escutá-las. Convém iniciar os resumos com um convite à criança – "diga-me se eu entendi bem" – para encorajá-la a corrigir qualquer mal-entendido, minimizando assim possíveis discussões. Isso também estimula a criança a adotar um papel ativo nas sessões e define explicitamente a natureza do relacionamento como uma parceria em que o terapeuta não tem todas as respostas "certas".

Desenvolver discrepância

O desenvolvimento de discrepância cria uma lacuna que ressalta como o atual comportamento da criança provavelmente não a levará aos objetivos que ela deseja atingir, aumentando assim sua motivação para se engajar num processo de mudança.

Perguntas de final aberto são especialmente úteis para ajudar a criança a verbalizar seus objetivos e a explorar incertezas. Na entrevista motivacional, elas são vistas como a criação de um ímpeto que fará a criança avançar. Perguntas de final fechado incentivam a criança a adotar um papel mais passivo, embora elas possam ajudar com crianças menos comunicativas e sejam mais fáceis para crianças mais jovens ou menos capazes de responder. Entretanto, elas são prescritivas e apresentam a variedade de opções identificada pelo terapeuta, que não reflete necessariamente os problemas da criança. Por sua vez, isso estabelece uma demanda característica em que a criança pode se sentir pressionada a concordar passivamente com as opções oferecidas.

Da mesma forma, o terapeuta precisa criar discrepância devolvendo à criança contradições aparentes no que ela está dizendo. Por exemplo, a criança pode dizer que não quer ter amigos (foco no tempo presente), mas, mais tarde, falar que quer fazer um programa no fim de semana com um grupo de colegas (foco no tempo futuro). O objetivo, portanto, é ressaltar as contradições internas da criança em vez de apresentar um ponto de vista alternativo externo. A primeira situação exige que a criança resolva sua ambivalência; a segunda estimula divergências e discussões.

Evitar desafiar e confrontar a resistência

Mover-se de acordo com a resistência, em vez de desafiá-la, minimiza a possibilidade de o terapeuta ser arrastado para possíveis discussões em que as posições podem ficar polarizadas. Em vez de se arriscar a isso, o terapeuta deve usar positivamente a resistência da criança como uma maneira de descobrir mais sobre sua ambivalência. Isso talvez leve a criança a criar suas próprias soluções e planos, os quais ela poderá defender.

Quando o terapeuta perceber resistência na criança, ele deve parar, recuar e escutar cuidadosamente o que ela está dizendo. A escuta reflexiva é uma estratégia útil que lhe permite pensar sobre o que a criança está dizendo e lhe dá a oportunidade de focar e enfatizar qualquer mudança na conversa. A visão da criança, assim, é reconhecida mas não contestada e, se necessário, a entrevista pode ser conduzida para uma área diferente, numa tentativa de encontrar possíveis áreas de mudança.

Alternativamente, a visão da criança pode ser negativamente enfatizada ou superexagerada, como uma maneira de incentivá-la a contestar suas próprias afirmações. A ênfase negativa minimiza a motivação da criança para mudar – "então não há absolutamente nada que poderia ser melhor na sua vida no presente momento" – enquanto o exagero a incentiva a desafiar suas próprias idéias – "o que você está me dizendo é que **jamais** será capaz de ter amigos".

Ressaltar e apoiar a auto-eficácia

A auto-eficácia pode ser apoiada prestando-se atenção a sinais de motivação por parte da criança de que a mudança é possível e reforçando-os. Afirmações que sugerem a possibilidade de mudança são importantes motivadores que precisam ser reforçados. Similarmente, a criança precisa ser ajudada a desenvolver a crença de que ela tem idéias e habilidades para conseguir isso e que há muitas maneiras diferentes de chegar à mudança. Isso pode ser particularmente importante com crianças ansiosas e relutantes em se comprometerem com um determinado curso de ação, por medo de estarem escolhendo o "plano errado".

A afirmação é um bom método para o terapeuta selecionar e reforçar as capacidades da criança. A criança é ajudada a ficar atenta à suas possíveis habilidades e sucessos, e não aos seus fracassos ou inadequações. Essa é uma maneira útil de se opor a sentimentos percebidos de desesperança quanto à possibilidade de mudança e a sentimentos de incapacidade de consegui-la. Embora o elogio, muitas vezes, seja útil, Schmidt (2004) salienta que algumas crianças e adolescentes não gostam de ser elogiados, de modo que é importante fazer isso sem exagero, ou de maneira bem-humorada.

A entrevista motivacional usa técnicas para:

- promover empatia por meio de resumos e da escuta reflexiva;
- criar discrepância por meio de perguntas de final aberto e salientar as contradições da criança;
- mover-se acompanhando a resistência, não interferindo e adotando a escuta reflexiva;
- ressaltar a auto-eficácia pela afirmação e atenção seletiva.

■ Definir a abordagem

A filosofia e o estilo de entrevista motivacional, com ênfase na curiosidade, respeito, minimização do conflito e reconhecimento das escolhas e da ambivalência, funcionam especialmente bem com adolescentes (Schmidt, 2004). O foco nos objetivos pessoais da criança, em oposição aos dos pais ou do sistema mais amplo, mais uma vez salienta a importância e a centralidade da criança no processo. Entretanto, essa posição pode ser incomum para a criança e ser vista com certo grau de desconfiança. Da mesma forma, a igualdade no relacionamento terapeuta-cliente provavelmente será uma experiência nova para muitas crianças. Elas podem ficar reticentes e esperar que o terapeuta assuma o papel de líder, faça perguntas, em vez de se sentirem capazes de apresentar suas idéias de forma aberta e igualitária. Portanto, o terapeuta precisa reservar um tempo na primeira entrevista para se diferenciar dos outros adultos e explicar claramente a filosofia da sua abordagem.

■ Lidar com comportamentos sérios e preocupantes

Um dilema trazido pelas intervenções que visam a aumentar a automotivação e realização tem a ver com a questão de contestar comportamentos preocupantes, em vez de entrar num conluio passivo com eles. Haverá situações em que a criança precisa ser confrontada com a gravidade de seus comportamentos (por exemplo, auto-agressão deliberada) independentemente de ela considerá-los um problema ou falar a respeito de sua gravidade. Mas isso não precisa se tornar foco de discussões ou conflitos. Ao contrário, o terapeuta pode transmitir suas idéias de forma clara e factual: "Eu estou preocupado com o fato de você se sentir tão por baixo que acaba se cortando intencionalmente". Da mesma forma, a criança pode não perceber os possíveis benefícios de algumas metas e não compartilhar os objetivos dos pais ou de outras pessoas de autoridade. As crianças que não querem ir à escola, por exemplo, geralmente vêem seu retorno às aulas como uma prioridade muito secundária. Numa situação assim, Schmidt (2004) sugere que se empregue o conceito de uma "autoridade maior". O conceito chama a atenção da criança para informações importantes que reconhecem o contexto em que ela funciona, mas limita as escolhas que ela e o terapeuta podem fazer. O terapeuta pode, por exemplo, explicar que "as regras dizem que você tem de voltar para a escola, então vamos pensar em como você gostaria que isso acontecesse".

Rollnick e Miller (1995) sugerem que o terapeuta precisa ser claro quando empregar a entrevista motivacional como um método para aumentar a prontidão para a mudança e quando confrontar comportamentos que preocupam. Indubitavelmente, haverá momentos em que a criança terá de ser confrontada com a realidade de seu comportamento, por exemplo, no caso de uma adolescente anoréxica: "Se você não aumentar a quantidade de comida que ingere, terá de ser hospitalizada". Entretanto, embora as tentativas de persuadir, usar a autoridade profissional ou aconselhar diretamente possam aumentar a motivação da criança para perseguir um curso de ação, isso é diferente da entrevista motivacional.

■ Lidar com a resistência ou contramotivação

A entrevista motivacional tem o objetivo de resolver a ambivalência e reduzir a resistência. O termo resistência é muitas vezes visto de forma negativa ou pejorativa, significando que alguém está sendo, talvez intencionalmente, refratário ou desafiador. Interpretar a resistência desta maneira pode levar o terapeuta a uma atitude mais desafiadora e confrontacional, uma vez que ele tenta convencer a criança de que "este é o jeito errado". Essa conotação negativa faz com que alguns prefiram usar o termo contramotivação, menos emotivo.

Sinais de contramotivação incluem estratégias ativas como negação, argumentação, mudança de assunto ou conversação sobre questões comparativamente triviais, ou estratégias mais passivas como parecer aborrecido, desinteressado ou se recusar a falar. Na entrevista motivacional, todos esses são sinais para o terapeuta refletir e ficar atento ao próprio comportamento. O terapeuta precisa considerar:

- O ritmo está apropriado?
- O terapeuta passou para o planejamento da mudança antes de a criança estar pronta?
- A criança está frustrada por se sentir não-ouvida ou por não ser capaz de verbalizar sua ambivalência?

Verificando isso, ele pode identificar a possível armadilha em que caiu e corrigir seu comportamento.

A armadilha da pergunta e resposta

Esta pode ser uma dificuldade comum no caso de crianças que talvez não estejam acostumadas a expressar voluntária ou espontaneamente as suas idéias. O terapeuta acaba adotando um papel mais ativo que, por sua vez, leva a criança a se tornar mais passiva enquanto espera pela próxima pergunta. Assim, ela não traz espontaneamente seus pensamentos, e a entrevista acaba sendo guiada principalmente pelos palpites do terapeuta quanto a possíveis áreas a serem verbalizadas e exploradas. Nessas situações, o terapeuta pode lançar mão de mais materiais não-verbais.

A armadilha da confrontação e negação

O terapeuta deve estar ciente de que muitas vezes reage a justificativas aparentemente razoáveis para não mudar com crescentes tentativas de persuadir a criança ou contestar suas razões. Em vez de entrar nessa armadilha confrontacional, o entrevistador motivacional tenta conduzir a conversa para ajudar a criança a verbalizar suas idéias quanto ao tipo de mudança que ela deseja, e quando isso poderia ser conseguido. Simplesmente pressionar a pessoa a justificar sua posição resulta no desenvolvimento de posições mais obstinadas, com tentativas de mudança se mostrando inúteis. Convém que o terapeuta dedique alguns minutos do final da sessão a uma reflexão sobre o seu próprio comportamento.

A armadilha do especialista

Em algumas situações, o terapeuta se percebe dando conselhos e orientações de especialista sem ter esclarecido inteiramente os objetivos que a criança gostaria de atingir. Isso pode decorrer de um ritmo inadequado ou de um entusiasmo exagerado por parte do terapeuta, que erroneamente acredita que a ambivalência da criança está resolvida. Similarmente, ele pode sentir que a criança precisa de alguma orientação e, assim, assume um papel mais ativo no estabelecimento dos objetivos do tratamento. Reflexões e resumos são oportunidades regulares para o terapeuta verificar se a agenda e os objetivos da criança estão sendo tratados.

A armadilha da culpa

A criança pode culpar outras pessoas por seus problemas, e o terapeuta acaba sendo levado a uma posição contestatória conforme tenta mostrar à criança suas possíveis responsabilidades. O resultado inevitável é ambos ficarem presos em uma disputa inútil. Na entrevista motivacional, a culpa é vista como irrelevante e o terapeuta ajuda a criança a se concentrar naquilo que ela gostaria de mudar e em como poderia fazer isso, em vez de em quem é responsável por causar aquilo. Adotar uma abordagem focada na solução, sem culpas, é uma ótima maneira de evitar essa armadilha.

> A contramotivação pode ocorrer por quatro razões comuns:
> - O terapeuta provoca a passividade na criança com a armadilha da pergunta e resposta.
> - O terapeuta tenta persuadir a criança na armadilha da confrontação e negação.
> - O terapeuta corre na frente, antes que a criança se aproprie da sua situação, e cai na armadilha do especialista.
> - O terapeuta e a criança ficam presos em disputas inúteis na armadilha da culpa.

▶ Quando a TCC não é indicada?

Além de avaliar a motivação da criança e sua prontidão para mudar, o terapeuta também precisa determinar a adequação do uso da TCC focada na criança. Há algumas ocasiões em que a TCC talvez não seja a intervenção de escolha, o principal foco terapêutico ou o requerimento imediato da intervenção. Isto está relacionado aos seguintes aspectos:

- a natureza do problema apresentado;
- as características do problema apresentado;
- os múltiplos problemas apresentados;
- o contexto sistêmico em que o problema se apresenta;
- o desenvolvimento lingüístico e cognitivo da criança.

■ A natureza do problema apresentado

Há sólidas e crescentes evidências sugerindo que a TCC focada na criança é o tratamento de escolha para transtornos internalizante, incluindo ansiedade generalizada, depressão, TOC e TEPT. Entretanto, as evidências favoráveis ao uso da TCC no tratamento de transtornos externalizante – como transtorno de déficit de atenção e hiperatividade, agressão ou transtorno de conduta – são mais frágeis. Embora algumas intervenções para esses transtornos incluam o que poderia ser considerado um elemento cognitivo, isso faria parte de um pacote mais eclético e a abordagem cognitiva não seria a intervenção terapêutica primordial. Assim, a abordagem multissistêmica que tem se revelado útil no tratamento de adolescentes anti-sociais utiliza intervenções cognitivas como parte de uma série de intervenções que tem como alvo os diversos fatores que contribuem para o desenvolvimento ou manutenção dos problemas da criança (Henggeler et al., 2002). Igualmente, programas de comportamento parental são efetivos no tratamento de transtornos de conduta, embora recentemente os pesquisadores tenham explorado como eles podem ser melhorados pela adição de um componente cognitivo no caso das famílias que, tradicionalmente, não respondem tão bem a essas intervenções (White et al., 2003). Os terapeutas, portanto, precisam reconhecer os pontos positivos da TCC focada na criança e, ao mesmo tempo, reconhecer as limitações de empregar exclusivamente uma abordagem cognitiva.

■ As características do problema apresentado

A TCC focada na criança é um processo ativo, um processo orientado de descoberta, experimentação e prática. Esse é um aspecto importante da TCC que permite que a criança encontre soluções para os seus problemas e, por meio de um processo de prática e exposição sistêmica, aprenda a superá-los. Essa abordagem pode ser difícil com comportamentos de baixa freqüência, tal como um medo de doenças que se manifesta, por exemplo, a cada seis ou oito semanas. Embora o problema possa ter um efeito significativo sobre a vida cotidiana da criança, levando-as, vamos supor, a evitar dormir na casa de amigos por medo de que alguém adoeça, ela talvez tenha poucas oportunidades de vida real para praticar as novas habilidades adquiridas. Comportamentos de baixa freqüência não impedem o uso da TCC focada na criança, pois é possível realizar simulações e exposição imaginária. Entretanto, a etapa final, de exposição ao vivo e subseqüente domínio da situação, pode ser difícil de atingir.

■ Apresentações de problemas múltiplos

Não é raro que a criança apresente uma variedade de dificuldades e que diferentes problemas surjam de forma dominante no decorrer da intervenção. Isso pode resultar em sessões clínicas que perdem o ímpeto ou o foco, quando o último problema ou crise são tratados. Nessas situações, a TCC pode ajudar a manter o foco clínico. Os outros problemas são reconhecidos e "deixados estacionados numa vaga da garagem", enquanto as sessões clínicas focam o problema inicialmente considerado como alvo da intervenção. Depois que este foi satisfatoriamente resolvido, os problemas "estacionados" são revisitados e um deles é selecionado e trabalhado.

Embora a TCC possa ser útil nessas situações, haverá momentos em que a principal tarefa é a vinculação, não a terapia, isto é, vinculação com outros profissionais e agências para coordenar a orientação e o apoio voltados às múltiplas necessidades da família. Talvez haja problemas educacionais, necessidade de apoio prático ou ajuda para os pais com relação aos problemas mentais deles, sendo preciso uma aliança com a escola, serviços sociais, o médico da família ou uma equipe de saúde mental da comunidade para adultos. Embora isso possa consumir muito tempo, é essencial construir uma estrutura de apoio para as múltiplas necessidades da família. Quando essa estrutura estiver instalada, a TCC focada na criança poderá ser realizada mais facilmente.

■ O contexto sistêmico em que o problema se apresenta

A avaliação das influências sistêmicas que contribuem para o início ou a manutenção dos problemas da criança pode revelar que a TCC focada na criança não é a intervenção de primeira escolha. Dentro da família, os problemas da criança podem ser a manifestação de padrões familiares inadequados (por exemplo, ela é o bode expiatório) ou podem refletir processos inadequados dentro do sistema mais amplo (por exemplo, dificuldade de aderir a limites). O comportamento da criança também pode se tornar o foco que une os pais e afasta a sua atenção de dificuldades mais importantes, por exemplo, no relacionamento do casal. Igualmente, o que pode parecer vieses e distorções da criança quanto a não ser amada, ser rejeitada ou excessivamente criticada, acaba se revelando algo real. Nessas ocasiões, realizar a TCC focada na criança sem tratar as influências sistêmicas mais amplas traz o risco de um conluio com o sistema familiar disfuncional e de patologização da criança. Nessas questões mais amplas é indicada uma abordagem mais sistêmica, em vez da TCC focada na criança.

■ O desenvolvimento lingüístico e cognitivo da criança

Haverá ocasiões em que o terapeuta precisará ser criativo e flexível para adaptar e apresentar as idéias e estratégias da TCC focada na criança de forma adequada ao seu desenvolvimento lingüístico e cognitivo. Isso envolverá maior uso de métodos e materiais não-verbais, estratégias concretas e métodos que envolvam menos escolhas decisivas. Em qualquer situação, o terapeuta precisa garantir que a TCC focada na criança está situada em um nível que a criança é capaz de acessar.

Mas haverá momentos em que, apesar de considerável criatividade por parte do terapeuta, ficará claro que a criança não possui habilidades cognitivas ou lingüísticas suficientes para participar sequer de uma versão limitada de TCC. Como princípio geral, existe um amplo consenso entre os terapeutas de que as crianças com menos de 7 anos têm dificuldade em participar desta forma de tratamento. Embora essa seja uma orientação útil, ela salienta a necessidade permanente de uma avaliação cuidadosa, pois haverá outras ocasiões em que limitações cognitivas ou lingüísticas da criança sugerirão não ser a TCC focada na criança o tratamento de escolha.

A TCC focada na criança pode não ser a melhor intervenção terapêutica se:

- ■ a criança apresentar problemas externalizantes;
- ■ o problema for de baixa freqüência;
- ■ houver múltiplas apresentações e necessidades;
- ■ houver influências sistêmicas dominantes;
- ■ as capacidades cognitivas, lingüísticas ou mnemônicas da criança forem limitadas.

BONS PENSAMENTOS – BONS SENTIMENTOS

A balança para avaliar a mudança

Às vezes, a gente precisa comparar os benefícios e as desvantagens de tentar fazer alguma coisa nova.

Escreva o que você está pensando em fazer na parte de cima da balança.

Escreva no lado esquerdo da balança todas as razões positivas/ benefícios disso e, no outro lado, todas as razões negativas/ desvantagens.

Razões para fazer isso	Razões para não fazer isso

◀ CAPÍTULO TRÊS ▶

Formulações

Depois que a criança estiver motivada e pronta para se engajar na TCC, a tarefa inicial é desenvolver uma formulação do problema. A formulação é o entendimento compartilhado da instalação e manutenção dos problemas apresentados pela criança, descritos de acordo com uma estrutura cognitivo-comportamental. A formulação é um pré-requisito para qualquer intervenção e fornece a hipótese de trabalho explícita, compartilhada, que será usada para dirigir e informar o conteúdo específico da intervenção.

A formulação representa um entendimento compartilhado e, portanto, é desenvolvida em parceria com a criança e seus pais. O processo é descritivo, e a criança é incentivada a usar as suas próprias palavras para descrever seus sentimentos e os significados que atribui aos acontecimentos. As informações fornecidas pela criança e os pais são então estruturadas e organizadas pelo terapeuta, dentro de uma estrutura cognitiva, para salientar e explorar as possíveis relações entre cognições, sentimentos e comportamentos. Este é um processo colaborativo durante o qual a formulação emergente é discutida, testada e revisada até se obter uma explicação mutuamente aceita. Depois de aceita, a formulação proporciona o modelo de trabalho que informa o conteúdo e o foco do programa cognitivo. A formulação permite um entendimento dinâmico e evolvente, que será modificado durante o curso da terapia. A formulação resultante é constantemente verificada, avaliada e revisada para levar em conta as novas informações que surgirem. Conseqüentemente, as formulações são uma alternativa útil a classificações diagnósticas estáticas e fornecem uma maneira coerente e testável de reunir variáveis importantes que explicam a instalação das dificuldades da criança e/ou os fatores atuais que as mantêm.

A formulação clínica é parte essencial da boa prática clínica e tem funções importantes tanto para a criança como para o terapeuta. Da perspectiva da criança, a formulação é o veículo pelo qual ela compreende e percebe suas dificuldades. Determinados sintomas, pensamentos, comportamentos e experiências que freqüentemente parecem desconectados são reunidos, na formulação, de uma maneira coerente e compreensível. O desenvolvimento desse entendimento compartilhado durante o primeiro estágio do tratamento modela o processo ativo, aberto e colaborativo que continuará durante toda a terapia. A construção da formulação também reconhece claramente a importância das informações que a criança e seus cuidadores possuem e introduz os conceitos de autodescoberta e auto-eficácia.

Para o terapeuta, a formulação é utilizada para avaliar o início e desenvolvimento dos problemas da criança de acordo com modelos teóricos explanatórios. Portanto, as formulações proporcionam o mecanismo pelo qual teoria e prática são unidas (Butler, 1998; Tarrier e Calam, 2002). A formulação fornece o modelo empírico que dirige e informa o conteúdo do programa de tratamento. Isso garante que o terapeuta permaneça focado e que a efetividade do tratamento seja maximizada. Conforme salientado por Kuyken e Beck (2004), a formulação "orienta o terapeuta no planejamento e na execução da intervenção certa, da maneira certa, no momento certo, rumo aos objetivos colaborativamente definidos para a terapia".

Assim, as formulações têm funções importantes tanto para a criança como para o terapeuta. Entretanto, o conteúdo e os detalhes específicos requeridos pela criança e seus pais não são, necessariamente, os mesmos requeridos pelo terapeuta. É importante assegurar que a criança e os pais recebam o nível de detalhes necessários para eles, sem sobrecarregá-los com informações excessivas. Mas o terapeuta talvez queira identificar diferentes níveis de cognições ou especificar, com detalhes, determinadas cognições associadas a modelos teóricos. Este nível de sofisticação e análise geralmente não é requerido pela criança ou pelos pais. Diferentes níveis de formulação, com variados graus de especificação, serão necessários para diferentes propósitos.

Depois de desenvolvida, convém que a formulação seja resumida em forma de diagrama. Isso fornece uma representação visual poderosa e permanente que pode ser lembrada nas sessões e revisada quando necessário. A criança e os pais podem levar uma cópia para casa, o que lhes permite refletir sobre a exatidão da formulação, discuti-la e compartilhá-la com outras pessoas. Além disso, ela facilita o desenvolvimento da auto-eficácia ao proporcionar à criança e aos pais a oportunidade de considerar e explorar maneiras possíveis de modificar os padrões atuais indesejados.

- As formulações proporcionam um entendimento compartilhado do início e da manutenção dos problemas da criança.
- A formulação é testável e informa e orienta a intervenção subseqüente.

▶ Aspectos-chave de uma formulação

O processo de desenvolver uma formulação envolve trazer à luz e identificar informações relevantes, que então são organizadas de acordo com algum modelo teórico ou explanatório, para que se possa compreender as origens, o desenvolvimento e/ou a manutenção do problema apresentado (Tarrier e Calam, 2002).

Uma boa formulação, portanto, depende da cuidadosa identificação e seleção de informações-chave. Este processo pode se tornar excessivamente inclusivo e complexo nas tentativas de incorporar em uma única formulação a abundância de informações coletadas durante a avaliação. Isso pode fazer com que o terapeuta e a criança fiquem assoberbados e confusos. A tendência de tentar incorporar todas as informações da avaliação em uma única formulação abrangente deve ser evitada. Como princípio orientador, as formulações precisam ser simples, para serem facilmente compreendidas e para que não excedam a capacidade cognitiva da criança. O objetivo, portanto, é fornecer o mínimo de informações necessárias para resumir o problema e os fundamentos lógicos do plano de ação (Charlesworth e Reichelt, 2004). Para conseguir isso, o terapeuta precisa de uma estrutura que o ajude a identificar, selecionar e organizar informações importantes.

Existem muitas maneiras de estruturar formulações. As mais simples são as miniformulações, que destacam a relação entre dois elementos no ciclo da TCC. Isso pode envolver, por exemplo, identificar as cognições e reações emocionais associadas a um determinado acontecimento. Um modelo mais abrangente de formulação poderia basear-se no modelo cognitivo geral e focar ou a manutenção (por exemplo, acontecimentos, pensamentos, sentimentos, comportamentos) ou a instalação (por exemplo, experiências precoces, crenças centrais, suposições, eventos desencadeantes, pensamentos automáticos) dos problemas. Finalmente, há as formulações específicas para um problema, nas quais as informações são organizadas em torno dos aspectos-chave identificados em modelos teóricos explanatórios específicos.

> As formulações podem ser:
> - miniformulações simples salientando a relação entre dois fatores;
> - modelos cognitivos gerais que fornecem uma formulação cognitiva do início ou da manutenção dos problemas;
> - formulações específicas de um problema.

Miniformulações

Essas são as formulações mais simples, que servem para destacar a relação entre dois ou três elementos do ciclo da TCC. Elas são especialmente úteis durante os estágios iniciais da terapia, ou quando a criança e os pais não conhecem o modelo cognitivo, e podem facilitar o desenvolvimento de um relacionamento colaborativo entre o terapeuta e a criança (Charlesworth e Reichelt, 2004). Da mesma forma, sua simplicidade ajuda as crianças mais jovens, que possuem uma capacidade cognitiva limitada e podem ter dificuldade para compreender imediatamente a relação abstrata entre os múltiplos elementos do ciclo da TCC. Focalizar cada relação separadamente (isto é, cognições e reações emocionais associadas; reações emocionais e respostas comportamentais associadas) constitui uma abordagem mais compreensível, em estágios. Essas formulações podem ser reunidas para ajudar a criança a desenvolver uma formulação mais completa.

Rhiannon está infeliz e assustada

Uma miniformulação foi usada para ajudar Rhiannon (8) a compreender como suas preocupações em relação às outras crianças da escola faziam com que ela tivesse medo de procurá-las e acabasse brincando sozinha. O primeiro passo foi ajudar Rhiannon a descrever o que acontecia no pátio da escola durante o recreio. Isso está resumido na Figura 3.1.

Onde
No pátio da escola

O que eu faço
Fico sozinha
Não falo com ninguém

Figura 3.1 Ligação entre o *onde* e o *que* de Rhiannon.

O próximo estágio foi ajudar Rhiannon a identificar os pensamentos e sentimentos que ela tinha quando estava no pátio da escola (Figura 3.2). Ligações unidirecionais são freqüentemente utilizados em modelos com crianças. Eles são menos complicados do que as relações bidirecionais e, portanto, mais fáceis de serem compreendidos pela criança. Isso não anula a natureza bidirecional da relação entre as variáveis, mas simplesmente salienta a principal direção da relação.

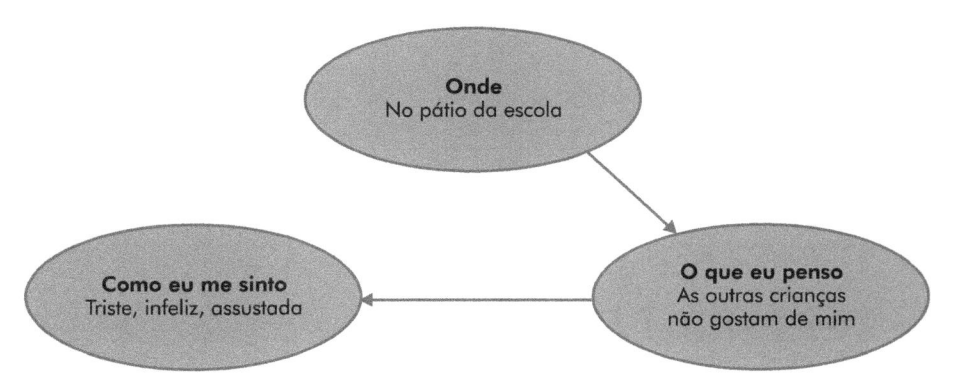

Figura 3.2 Ligação entre a situação, os pensamentos e os sentimentos de Rhiannon.

Os dois diagramas, as Figuras 3.1 e 3.2, foram então combinadas para fornecer à Rhiannon uma formulação simples que salientava a ligação entre o que ela pensava, como se sentia e o que fazia no pátio da escola (Figura 3.3).

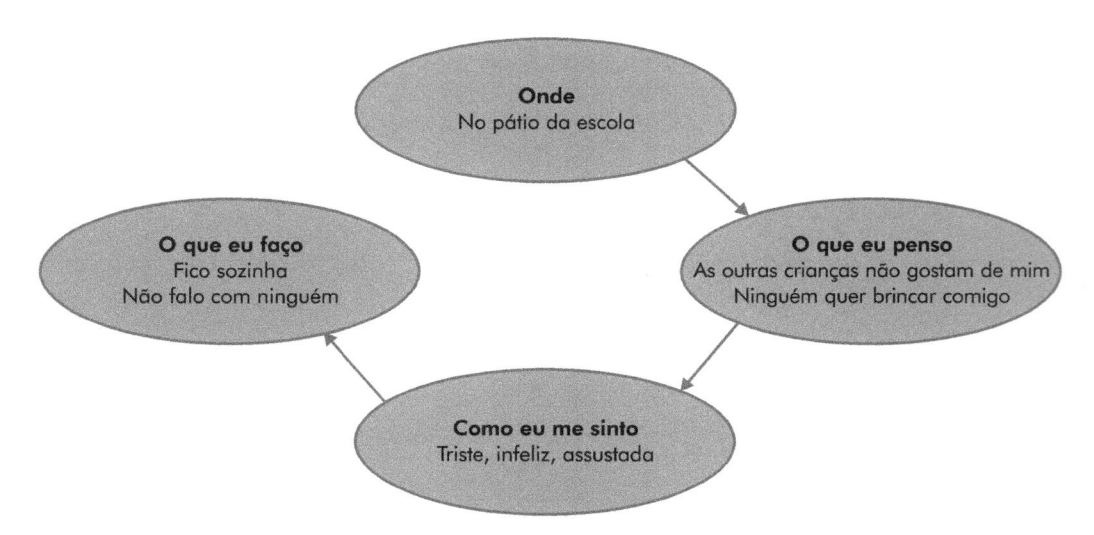

Figura 3.3 A miniformulação de Rhiannon.

- As miniformulações destacam o vínculo entre duas ou três partes do ciclo cognitivo.
- As miniformulações podem ser reunidas para criar uma formulação mais completa.

Formulações cognitivas gerais

A formulação cognitiva geral utiliza os elementos-chave da estrutura cognitiva para fornecer à criança e à sua família um entendimento de por que seus problemas se desenvolveram (formulação inicial) ou por que eles continuam acontecendo (formulação de manutenção). Essas formulações tendem a identificar as experiências e os eventos precoces importantes que levaram ao desenvolvimento das crenças e suposições da criança. São salientados os acontecimentos desencadeantes e descritos os pensamentos automáticos associados e os sentimentos e comportamentos resultantes.

■ Formulações de manutenção

A mais simples, dos modelos gerais, é a formulação de manutenção. Ela vincula eventos/situações desencadeantes, pensamentos, sentimentos e comportamentos. Para identificar esse ciclo disfuncional nós podemos usar uma folha de exercícios, "A armadilha negativa", fornecida no final do capítulo.

Naomi faz cortes em si mesma

Naomi é uma menina de 14 anos encaminhada com problemas de depressão e auto-agressão. A auto-agressão consistia em Naomi cortar os braços e as coxas com uma lâmina, aproximadamente duas vezes por semana. Durante uma sessão de avaliação, Naomi relatou que se cortara duas vezes na semana anterior. Esses eventos foram então investigados e resumidos na formulação de "A armadilha negativa" da Figura 3.4.

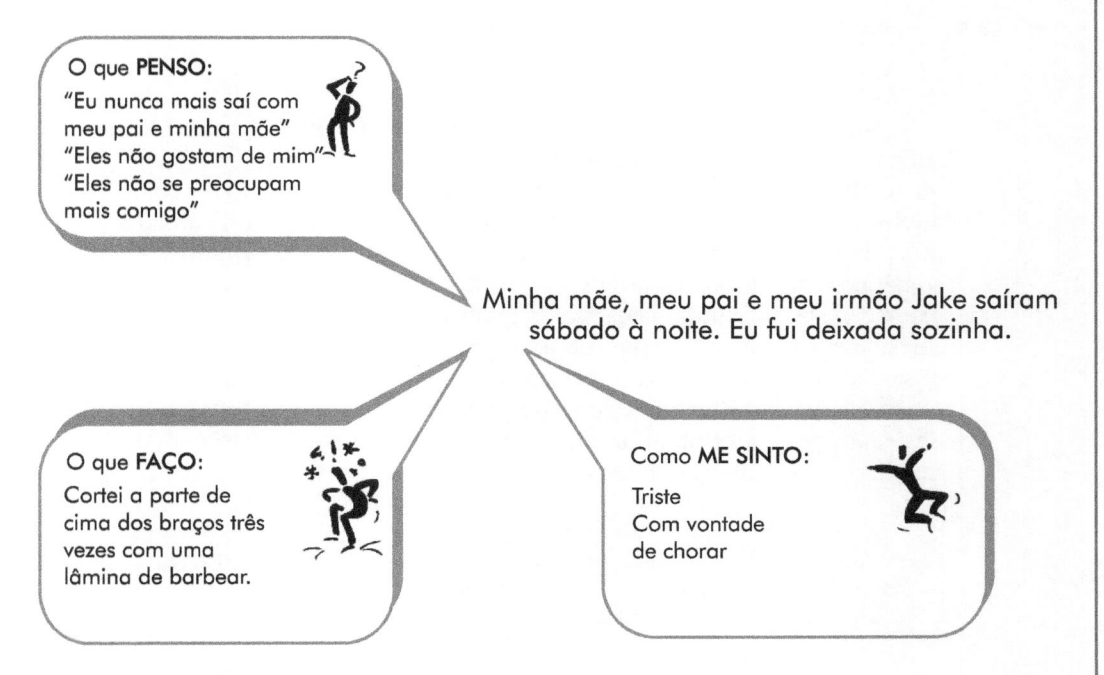

O que PENSO:
"Eu nunca mais saí com meu pai e minha mãe"
"Eles não gostam de mim"
"Eles não se preocupam mais comigo"

Minha mãe, meu pai e meu irmão Jake saíram sábado à noite. Eu fui deixada sozinha.

O que FAÇO:
Cortei a parte de cima dos braços três vezes com uma lâmina de barbear.

Como ME SINTO:
Triste
Com vontade de chorar

Figura 3.4a A armadilha negativa de Naomi.

O primeiro diagrama (Figura 3.4a) ajudou Naomi a reconhecer a importância de seus pensamentos negativos e como eles a deixavam triste. O segundo (Figura 3.4b) salientou como Naomi tinha dificuldade para lidar com qualquer sentimento desagradável. Quando ela se sentia zangada ou triste, ela se cortava, e isso fazia desaparecer seus sentimentos desagradáveis.

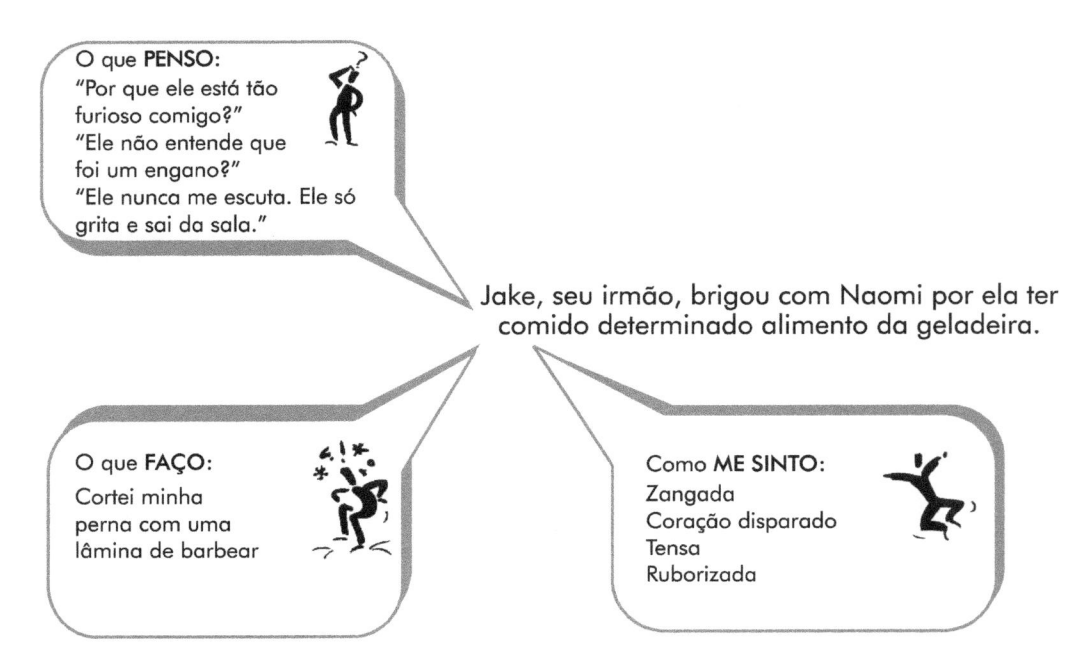

O que **PENSO**:
"Por que ele está tão furioso comigo?"
"Ele não entende que foi um engano?"
"Ele nunca me escuta. Ele só grita e sai da sala."

Jake, seu irmão, brigou com Naomi por ela ter comido determinado alimento da geladeira.

O que **FAÇO**:
Cortei minha perna com uma lâmina de barbear

Como **ME SINTO**:
Zangada
Coração disparado
Tensa
Ruborizada

Figura 3.4b A armadilha negativa de Naomi.

Formulações de manutenção como esta geralmente fornecem informações suficientes, especialmente para crianças mais jovens. Elas salientam as importantes relações entre pensamentos, sentimentos e comportamentos e, com o foco no aqui-e-agora, ajudam a criança a compreender suas atuais dificuldades. Em alguns casos, convém diferenciar sentimentos (estados de humor) e sintomas somáticos (alterações corporais). No final do capítulo é fornecida uma folha de exercícios, "A armadilha negativa de quatro partes", que pode ser especialmente útil se a criança estiver interpretando erroneamente as alterações fisiológicas de ansiedade como indicação de estar fisicamente doente. Ajudar a criança a compreender que as alterações corporais que ela percebe são reações normais de ansiedade pode ser tranqüilizador e ajudá-la a contestar suposições de estar seriamente doente e, portanto, incapaz de realizar ou participar de atividades.

> As formulações gerais de manutenção identificam eventos desencadeantes e as cognições, sentimentos e comportamentos associados.

▶ Formulações iniciais

As formulações iniciais fornecem uma explicação do desenvolvimento de como as experiências passadas moldaram cognições importantes. A formulação inicial, portanto, destaca como eventos e experiências significativas resultam no desenvolvimento de crenças/esquemas/suposições importantes que determinam como a criança percebe a si mesma, seu desempenho e seu futuro. Ao desenvolver formulações iniciais, é importante considerar fatores e relacionamentos familiares potencialmente significativos, eventos importantes ou traumáticos, experiências escolares ou relacionamentos com os iguais. Isto contrasta com a formulação de manutenção, que tem um foco mais no "aqui-e-agora", nos pensamentos, sentimentos, sintomas fisiológicos e comportamentos associados a eventos desencadeantes específicos.

Os elementos-chave do modelo cognitivo proposto por Beck (1976) são uma maneira útil de estruturar uma formulação inicial e de desembaralhar os diferentes níveis de processos cognitivos. Elementos importantes a considerar no desenvolvimento das formulações iniciais incluem:

- experiências e eventos precoces significativos;
- crenças centrais/esquemas importantes;
- suposições que as crianças utilizam sobre si mesmas, seu desempenho e seu futuro;
- pensamentos automáticos que surgem de eventos desencadeantes;
- as respostas emocionais que são geradas;
- os comportamentos que se seguem.

■ Experiências precoces

Hipotetiza-se que as experiências precoces são fundamentais no desenvolvimento de crenças centrais e esquemas desadaptativos. As experiências negativas importantes podem abranger uma grande variedade de eventos, incluindo:

- fatores familiares – morte, doença, relacionamento parental difícil ou violento, separação parental, saúde mental/física dos pais;
- questões de relacionamento – separação dos pais, apego frágil ou ambivalente, rejeição, relacionamentos deficientes, múltiplos cuidadores;
- fatores médicos – problemas de saúde persistentes, incapacidades, doença crônica, hospitalizações repetidas ou prolongadas;
- questões educacionais – fracasso escolar, problemas de aprendizagem, intimidação dos colegas (*bullying*);
- fatores sociais – rejeição por parte de amigos/iguais, isolamento, comportamento delinqüente/criminal;
- trauma – abuso, eventos traumáticos únicos ou múltiplos, discriminação.

Alguns eventos podem não parecer objetivamente significativos para uma terceira pessoa. Há o perigo de descartá-los como pouco importantes ou irrelevantes. É importante avaliar o significado que a criança atribui a esses eventos para podermos determinar sua potencial importância. Por exemplo, uma menina de 16 anos foi encaminhada com uma longa história de TOC relacionada a germes e saúde. Durante a avaliação surgiram alguns eventos possivelmente importantes, embora a maioria parecesse comparativamente trivial. Mas um questionamento adicional revelou claramente a importância pessoal de uma situação em que ela caiu e cortou o joelho enquanto passava férias na França. A vivacidade das lembranças e os pensamentos associados, 'não vai parar de sangrar', 'ninguém vai saber que eu estou ferida', 'eu vou morrer', destacaram claramente a importância que ela atribuíra a esse acontecimento do cotidiano comparativamente insignificante.

■ Crenças centrais/esquemas cognitivos

Esquemas e crenças centrais são formas de pensar arraigadas, fixas e rígidas. Os modelos desenvolvidos com adultos hipotetizam que crenças centrais prejudiciais ou esquemas disfuncionais se desenvolvem durante a infância e fundamentam muitos problemas psicológicos (Beck, 1967; Young, 1990). Sabe-se comparativamente pouco sobre esquemas e crenças centrais em crianças e, como o desenvolvimento cognitivo da criança ainda está se processando, não sabemos bem quando essas crenças centrais se desenvolvem, se estabelecem e perduram ou são ativadas.

Flecha descendente

Crenças/esquemas centrais tendem a se expressar como afirmações absolutas do tipo "eu sou um fracasso", "ninguém me ama", "sou uma pessoa má". Crenças e esquemas centrais muitas vezes não são verbalizados diretamente durante as entrevistas, de modo que o terapeuta precisa buscá-los ativamente. A técnica da flecha descendente pode ser muito útil ("Identificando as crenças centrais", *BPBS*, p. 106, 110-111). Este método nos permite identificar um dos pensamentos automáticos negativos da criança e questioná-la repetidamente, "E daí? Se isso fosse verdade, o que significaria para você?", até que a crença central subjacente fique evidente.

Questionários

Outra maneira de identificar crenças centrais é suplementar as informações obtidas durante a entrevista clínica com um questionário como o Questionário de Esquemas para Crianças.

O questionário de esquemas para crianças (*The schema questionnaire for children*) também é conhecido como "Crenças comuns" (*BPBS*, p.113). Ele foi planejado para avaliar esquemas precoces desadaptativos, identificados por Young (1990) em seu trabalho com adultos, e é comprovado por avaliações psicométricas (Schmidt et al., 1995). O questionário tem 15 afirmações relacionadas aos esquemas iniciais desadaptativos propostos por Young (1990). A criança deve avaliar a intensidade de sua crença em cada afirmação, em uma escala visual de 10 pontos que varia de "não acredito absolutamente" a "acredito muito intensamente".

Foi realizada uma avaliação psicométrica preliminar do questionário de esquemas para crianças (Stallard e Rayner, 2005). Uma amostra de crianças da comunidade de 11-16 anos, alunos de uma escola secundária ($n = 47$) completou a forma breve do questionário de esquemas de Young (Young schema questionnaire) e o questionário de esquemas para crianças. A Tabela 3.1 resume os resultados e salienta que houve correlações significativas em 10 dos 15 itens, com duas correlações aproximando-se da significância estatística.

TABELA 3.1 Correlação entre o questionário de esquemas para crianças (crenças centrais) e o questionário de esquemas de Young

Questionário de esquemas para crianças – esquemas iniciais do questionário	Desadaptativos de Young significância	Correlação e itens
É importante ser melhor do que os outros em tudo o que eu faço	Padrões inflexíveis/ crítica exagerada	$R=0,615$, $p=0,0001$
Ninguém me entende*	Isolamento social/alienação	$R=0,548$, $p=0,0001$
Os outros estão aí para me pegar ou me magoar*	Desconfiança/abuso	$R=0,594$, $p=0,0001$
Nunca poderei contar com as pessoas que eu amo	Abandono/instabilidade	$R=0,202$, $p=0,179$
Eu preciso que as outras pessoas me ajudem a fazer as coisas*	Dependência/incompetência	$R=0,393$, $p=0,007$
Coisas ruins me acontecem*	Vulnerabilidade a danos ou doenças	$R=0,418$, $p=0,004$
Ninguém me ama ou se importa comigo*	Privação emocional	$R=0,439$, $p=0,002$
É mais importante pôr os desejos e as idéias dos outros antes dos meus*	Subjugação	$R=0,274$, $p=0,066$
As outras pessoas são melhores do que eu*	Defectividade/vergonha	$R=0,407$, $p=0,005$
Eu sou mais importante/especial do que os outros	Merecimento/grandiosidade	$R=0,352$, $p=0,016$
As pessoas ficarão com raiva ou aborrecidas se eu disser as coisas que realmente quero dizer*	Auto-sacrifício	$R=0,279$, $p=0,060$
Eu não devo mostrar meus sentimentos para os outros*	Inibição emocional	$R=0,718$, $p=0,0001$
É importante que meus pais/cuidadores se envolvam em tudo o que eu faço	Emaranhamento/ self subdesenvolvido	$R=0,015$, $p=0,922$
Eu não sou responsável por aquilo que faço ou digo	Insuficientes autocontrole/ autodisciplina	$R=0,031$, $p=0,839$
Eu sou um fracasso*	Fracasso	$R=0,671$, $p=0,0001$
Escore total		$R=0,775$, $p=0,0001$

* Crianças que freqüentavam um serviço comunitário de saúde mental para crianças e adolescentes apresentaram nestes itens escores significativamente diferentes dos de uma amostra da comunidade não encaminhada para tratamento.

Também foi realizada uma análise subseqüente comparando os resultados da amostra (não-encaminhada) da comunidade ($n = 46$) com os resultados das crianças ($n = 41$) encaminhadas a um serviço de saúde mental da comunidade. Houve diferenças estatisticamente significantes em 10 dos 15 itens, assim como no escore total. Os itens significativos estão assinalados com um asterisco na Tabela 3.1.

■ **Suposições cognitivas**

As suposições operacionalizam a estrutura cognitiva da criança e descrevem a relação entre seus pensamentos e comportamentos. Elas costumam ser chamadas de afirmações "se/então" ou "deveria/tenho que" (Padesky e Greenberger, 1995). Muitas vezes, elas não ficam aparentes ou claras durante a avaliação e, igualmente, não costumam ser verbalizadas de maneira direta.

A pergunta "Eu gostaria de saber o que acontece"

Uma maneira útil de eliciar suposições com crianças é empregar a pergunta "eu gostaria de saber", "eu me pergunto", em que o terapeuta pensa, junto com a criança, sobre como suas crenças centrais a levam a se comportar. O seguinte diálogo revela como as suposições de Kate se tornaram claras.

TERAPEUTA: Kate, você me disse que é muito importante que tudo o que você faz esteja certo. Então, eu gostaria de saber o que acontece quando você precisa fazer uma lição para a escola.
KATE: Eu fico muito preocupada e parece que levo horas para acabar a lição.
TERAPEUTA: É por que você trabalha devagar?
KATE: Não, não é isso.
TERAPEUTA: Então, por que leva tanto tempo?
KATE: Bem, nunca parece estar suficientemente bom. Eu tenho de ficar revisando, verificando e mudando coisas, e isso leva horas.
TERAPEUTA: Você já tentou fazê-la à noite e entregar no dia seguinte?
KATE: Não. Não daria certo. Não ficaria suficientemente boa.
TERAPEUTA: O que haveria de errado nisso?
KATE: Bem, eu provavelmente não teria trabalhado o suficiente.
TERAPEUTA: Então, você acha que receberá notas melhores se passar bastante tempo trabalhando na lição?
KATE: Sim. É por isso que eu preciso ficar revisando mil vezes.

As suposições de Kate estão agora ficando claras. Para ela era importante fazer tudo certo, o que a levava a supor que, **se** passasse muito tempo fazendo a lição, **então** ela seria bem-sucedida.

O teste do se/então

Outra maneira de extrair as suposições ou predições da criança é o emprego de testes tipo jogo. A criança é convidada a jogar um jogo em que o terapeuta faz uma afirmação "se" e ela completa a sentença dizendo o que espera que aconteça. O terapeuta pode gerar perguntas específicas a fim de avaliar suposições que ele imagina serem especialmente importantes para a criança.

■ SE eu entender mal alguma coisa, ENTÃO... "as pessoas ficarão zangadas"
■ SE eu tiver sucesso, ENTÃO... "é porque tive sorte"
■ SE as pessoas gostarem de mim, ENTÃO... "elas estão apenas sendo bondosas"

Experimentos comportamentais

Experimentos comportamentais são outra maneira de identificar as suposições da criança. O processo requer que ela identifique o experimento, prediga o que acontecerá, realize a investigação, registre o resultado, compare os resultados com sua predição e depois reavalie suas suposições e crenças iniciais. A predição esclarece como a criança percebe seu mundo e ajuda a revelar algumas das suposições que ela utiliza para operacionalizar suas crenças. As crianças, de modo geral, estão familiarizadas com a idéia da experimentação e são bastante incentivadas na escola a realizar investigações.

As suposições da criança ainda não estão claras

Às vezes não é possível identificar as suposições ou crenças da criança. Nesses momentos, convém reconhecer isso. Utilizar sinais de interrogação nas formulações pode ser útil. Isso sinaliza que há algumas coisas que não estão inteiramente compreendidas e precisam ser verificadas em sessões posteriores para ver se a relação operacional ficou clara.

■ Pensamentos automáticos

Diários

Os pensamentos automáticos são o nível de cognição mais acessível. O terapeuta precisa saber quais são os pensamentos negativos automáticos que acompanham situações problemáticas e sentimentos desagradáveis, e pode pedir à criança que mantenha um diário ou registro de pensamentos. Algumas crianças ficam motivadas e são capazes de manter diários. Outras preferem usar o computador para fazer seus registros ou mandar um e-mail depois de situações difíceis. Entretanto, se a criança estiver relutante ou for incapaz de manter qualquer forma de diário ou registro, seus pensamentos podem ser avaliados durante a próxima sessão clínica. As situações difíceis podem ser examinadas e o terapeuta pode eliciar quaisquer pensamentos concomitantes. Embora isso não forneça tantos detalhes quanto um diário ou folha de registro, e talvez não capture totalmente os pensamentos específicos, vai dar ao terapeuta certo *insight* sobre a natureza dos pensamentos da criança.

O apanhador de pensamentos

Durante as sessões clínicas, a criança revela indiretamente muitas informações sobre seus pensamentos. Por motivos clínicos, o terapeuta talvez não deseje interromper o fluxo da conversa nem focalizar esses pensamentos cedo demais, e pode preferir simplesmente anotá-los e voltar a eles em um momento mais apropriado. Então, ele adota o papel de "apanhador de pensamentos" e pode devolvê-los à criança com comentários tais como: "Na última vez em que nós conversamos, eu ouvi você dizer que..." ou "Você me disse que quando isso aconteceu, você pensou que..." Quando identificamos pensamentos, é importante registrar exatamente o que a criança fala, em vez de parafrasear ou resumir. Empregar as próprias palavras da criança garante que o significado que ela atribui aos eventos será capturado com exatidão e demonstra empatia, fortalece o relacionamento terapêutico e ajuda a maximizar o entendimento.

Outras perguntas

Tentativas mais diretas de eliciar pensamentos automáticos perguntando: "O que você estava pensando quando isso aconteceu?" nem sempre ajudam e podem provocar respostas curtas e abruptas: "Nada" ou "Eu não sei". Friedberg e McClure (2002) sugerem algumas maneiras alternativas de enunciar essa pergunta que se mostraram úteis para eles:

- O que passou pela sua cabeça?
- O que você disse a si mesmo?
- O que apareceu na sua cabeça?

■ Respostas emocionais

Folhas de exercício sobre sentimentos

Em termos de emoções, as crianças nem sempre são boas em distinguir os diferentes sentimentos que experienciam. Portanto, o terapeuta precisa ajudar a criança a identificar e a expressar diferentes emoções. Existem algumas folhas de exercícios que ajudam a criança a focalizar os três aspectos principais da identificação das emoções: expressão facial, postura corporal e atividade (*BPBS*, p.145-148). Também convém ajudá-la a identificar e a compreender algumas das mudanças fisiológicas ou comportamentos associados a seus sentimentos. Folhas de exercícios como "Quando fico ansioso", "Quando fico triste" ou "Quando fico zangado" (incluídas no final do Capítulo Sete) ajudam a criança a perceber algumas das possíveis mudanças fisiológicas ou comportamentos que podem estar associados aos sentimentos. Ela não precisa enfrentar a tarefa, mais difícil, de pensar em possíveis mudanças fisiológicas. Em vez disso, as folhas de exercício são usadas como uma maneira de salientar e sugerir possíveis reações, e a criança precisa apenas selecionar as que são mais relevantes para ela.

Dicionários emocionais

Figuras e fotos recortadas de jornais e revistas, com pessoas expressando diferentes emoções, também são dicas visuais úteis para ajudar a criança a dar um nome às suas emoções. Alternativamente, ela pode criar seu próprio dicionário emocional recortando e colando, em um caderno, fotos que destaquem o sentimento que ela experiencia.

Charadas de sentimentos

Igualmente, charadas de sentimentos podem ser uma maneira divertida de ajudar a criança a expressar e identificar diferentes emoções. Apresenta-se à criança uma série de cartões, cada um com um sentimento diferente. A criança deve encenar cada sentimento enquanto o observador tenta identificá-lo. Jogos desse tipo ajudam o terapeuta a perceber como a criança expressa seus sentimentos, os rótulos que emprega para nomeá-los e os sentimentos que experiencia com maior freqüência.

■ Formulação inicial: A depressão de Marco

Marco (16) foi encaminhado com urgência, por seu clínico geral, com possível depressão. Os problemas atuais começaram quando ele foi expulso da escola, de maneira totalmente inesperada, por repetidos maus comportamentos de pouca gravidade. Marco ficou arrasado e, embora admitisse que freqüentemente se metia em problemas na escola, ele se esforçara muito e achava que este tinha sido o seu melhor semestre até o momento. Durante toda a entrevista, ele transmitiu um sentimento de fracasso por meio de comentários como: "Eu sou um lixo. Eu desapontei todo o mundo".

Marco ficava choroso a maior parte do tempo e tinha pensamentos sobre agredir a si mesmo, mas ainda não fizera nenhuma tentativa de se machucar. Ele perdera o apetite, sentia-se cansado e letárgico, mas não conseguia dormir. Acordava cedo, mas tinha dificuldade para sair da cama. Antes da primeira consulta, Marco começara a freqüentar uma nova escola. No primeiro dia, ele teve um ataque de pânico e não conseguia voltar às aulas. Marco relatou alguns sintomas de ansiedade, incluindo estômago embrulhado, coração disparado, sudorese, ondas de calor e dificuldade de concentração. Marco ficou claramente assustado com esses sintomas e comentou: "E se eu tiver outro ataque de pânico?" e agora estava relutante em sair e só se sentia "seguro" em casa.

Marco tinha uma família carinhosa e cuidadosa, morava com a mãe e a irmã (Jessica). Vários acontecimentos significativos haviam ocorrido. O pai morrera de um ataque cardíaco quando Marco tinha 7 anos; quando ele estava com 8 anos, foi diagnosticado um câncer na mãe; aos 10, Jessica fora abusada; aos 11, a casa da família pegara fogo e a cozinha fora destruída no incêndio.

Marco conseguiu lembrar seu primeiro ataque de pânico, aos 9 anos, coincidindo com uma mudança de escola. Isso também ocorreu quando ele tinha 13 anos e também trocou de escola. E ele relatou uma série de ataques de pânico particularmente sérios quando saiu em férias sozinho para visitar familiares na Itália (aos 15 anos). Marco lembrou que se preocupava com a segurança da mãe e da irmã, e fazia comentários como: "Eu preciso estar lá para cuidar delas". Depois de dois dias, ele voltou para casa. Durante a sessão seguinte, nós criamos uma formulação para explicar o início dos problemas de ansiedade e depressão de Marco, identificando e reconhecendo crenças centrais e suposições importantes.

Há muitas maneiras diferentes de estruturar e apresentar uma formulação. Neste caso, teria sido possível desenvolver formulações separadas para cada um dos problemas de Marco (isto é, ansiedade e depressão). Entretanto, em vista da sobreposição e para que houvesse alguma continuidade entre esta representação visual e a experiência de vida real de Marco, nós concordamos em combiná-las. Isso forneceu a Marco uma vigorosa representação visual de como ele continuava sendo perturbado por dois problemas principais, mesmo que a intensidade e a dominância de cada um flutuassem ao longo do tempo.

A formulação inicial ajudou Marco a perceber como as experiências passadas da morte do pai, câncer da mãe, incêndio na casa e abuso da irmã haviam levado ao desenvolvimento de sua crença de que "coisas ruins acontecem à minha família", uma situação que ele se sentia obrigado a corrigir, por sua necessi-

Eventos iniciais importantes

Morte do pai
Doença da mãe
Incêndio na casa
Ataque à Jessica

Crenças centrais

Coisas ruins acontecem à minha família

Eu preciso fazer as pessoas felizes

Suposições

Se eu ficar com a minha família, então poderei protegê-la

Se eu me esforçar muito na escola, então minha família ficará contente

Eventos desencadeantes

Férias na Itália visitando familiares

Ser expulso da escola

Pensamentos automáticos

"Será que a mamãe e a Jessica estão bem?"
"Eu preciso estar lá para cuidar delas"

"Eu desapontei todo o mundo"
"Isso é tão injusto"
"Eu sou um fracasso"

Sentimentos

Apavorado
Estômago embrulhado, irritável, coração disparado, suado

Abatido/desanimado
Letárgico, cansado

Comportamentos

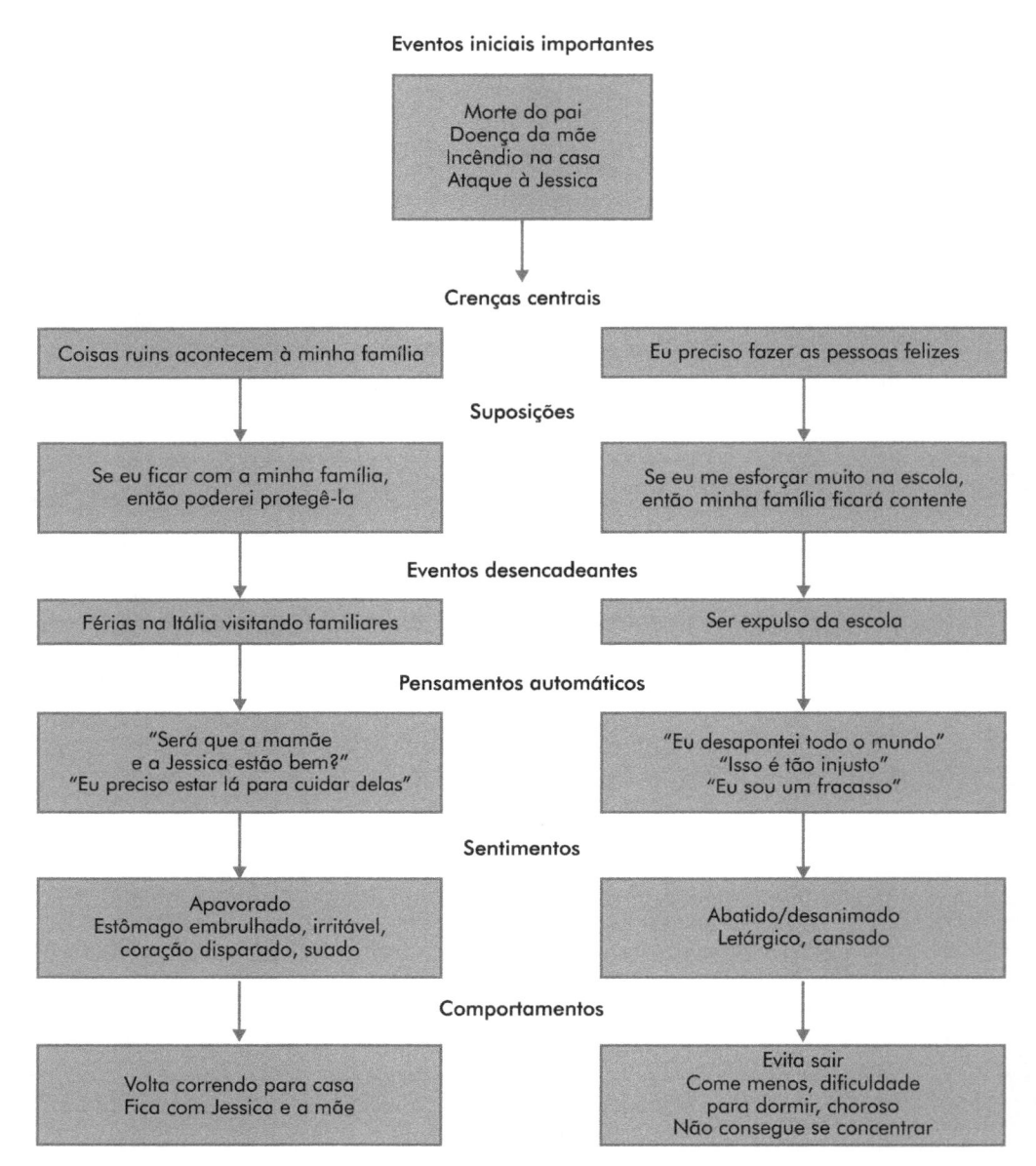

Volta correndo para casa
Fica com Jessica e a mãe

Evita sair
Come menos, dificuldade para dormir, choroso
Não consegue se concentrar

Figura 3.5 Depressão de Marco.

dade de "fazer as pessoas felizes". Essas crenças foram operacionalizadas por meio de suas suposições. Se Marco estivesse sempre junto da família, então ele achava que poderia protegê-la de coisas ruins. Da mesma forma, se ele se esforçasse na escola, sabia que a mãe e a irmã ficariam contentes e que ele estaria à altura das expectativas do pai. As crenças de Marco foram ativadas por ter ficado separado da família (as férias na Itália) e por ter sido expulso da escola. Esses eventos resultaram em vários pensamentos automáticos que tiveram o efeito de deixar Marco extremamente ansioso e deprimido. A maneira que ele encontrou de lidar com esses pensamentos negativos e sentimentos desagradáveis foi voltar para casa, evitar sair e permanecer em casa, onde se sentia seguro.

- As formulações iniciais dão uma idéia geral dos eventos e experiências importantes que moldaram o desenvolvimento da estrutura cognitiva da criança.
- Nelas são incluídos os elementos-chave do modelo cognitivo, isto é, crenças centrais, suposições, eventos desencadeantes, pensamentos automáticos, sentimentos e comportamentos.

▶ Formulações complexas

A experiência clínica sugere que o desenvolvimento de uma formulação pode ser uma maneira muito poderosa de ajudar a criança e os pais a entenderem a importância de eventos passados e explicar por que os problemas atuais estão acontecendo e como estão sendo mantidos. A formulação, conseqüentemente, precisa ser compreensível e, conforme previamente mencionado, precisa dar à criança e aos pais informações suficientes para ser útil. Com crianças pequenas, isso pode ser bastante simples. Geralmente, uma formulação de manutenção (por exemplo, Figura 3.3) é suficiente para dar à criança o entendimento do que ela precisa e uma estrutura para explorar como isso pode ser modificado. No entanto, há momentos em que convém desenvolver uma formulação mais complexa, em que eventos ou experiências passadas importantes e sua relação com determinadas crenças ou suposições são especificados com mais detalhes.

■ O TOC de Ben

Ben (17) foi encaminhado por seu clínico geral por um persistente problema de comportamento obsessivo e atos repetitivos de lavar as mãos. Ele lavava as mãos de 10 a 15 vezes por dia e, em cada ocasião, lavava as mãos três vezes, um processo que levava de cinco a dez minutos. Ben precisava lavar as mãos sempre que ia ao banheiro ou quando tocava em alguma coisa que ele sentia ser "suja", como o teclado do computador ou a maçaneta da porta. Isso estava afetando o trabalho escolar de Ben, pois ele não entregava seus trabalhos escolares por medo de transmitir germes aos professores e infectá-los.

Ben era gêmeo de Joe que, infelizmente, morreu ao nascer. O trabalho de parto foi prematuro e o nascimento, traumático. Ben nasceu com 25 semanas de gestação. Ele teve muitos problemas médicos que provocaram um longo tempo de hospitalização e algumas cirurgias corretivas. Ben e a mãe tinham um relacionamento muito estreito, e ela sentia que se tornara muito protetora, compensando a perda do filho mais jovem, Joe.

Os comportamentos obsessivos de Ben estavam presentes há muitos anos, mas se tornavam particularmente perceptíveis em momentos de mudança e preocupação. Aos 11 anos, quando ingressou na escola secundária, ele passou a ser alvo regular de intimidação por valentões da escola. O avô, de quem Ben gostava muito, morreu inesperadamente de um ataque cardíaco no ano seguinte. Problemas constantes com os colegas fizeram com que ele trocasse de escola aos 14 anos. Aos 15, a família viajou nas férias para a África do Sul e Ben ficou muito preocupado com a aids. No ano seguinte, eles foram para a Índia nas férias, e Ben começou a se preocupar com a possibilidade de esbarrar nas pessoas e ser infectado por germes; ele passou grande parte do tempo no quarto do hotel.

Durante toda a avaliação, Ben fez comentários e expressou algumas preocupações a respeito de germes, da própria saúde e da possibilidade de infectar as pessoas. Ele se via como responsável pelas coisas ruins que aconteciam e se culpava pela morte do irmão (ele nasceu primeiro e sobreviveu).

A formulação desenvolvida com Ben e a mãe está resumida na Figura 3.6. Essa formulação salienta duas categorias especiais de eventos importantes (ques-

Eventos iniciais importantes
Joe, seu gêmeo, morreu no nascimento

Questões de saúde
Ben tem problemas crônicos de saúde
Hospitalizações repetidas

Família
Superproteção parental

Dependência aumentada

Cria um relacionamento "especial" com a família

Crenças centrais
Eu sou uma pessoa má (responsável pela morte do meu irmão)
Eu sou uma pessoa muito doente/com tendência a doença
Eu preciso que as outras pessoas me ajudem

Suposições
Se eu transmitir germes às pessoas, elas morrerão
Se eu ficar sozinho, não conseguirei lidar com as situações

Ativadas por lembretes de morte/estar sozinho

Eventos importantes
Morte do avô (12 anos)
Mudança de casa
Mudança para uma escola secundária
Férias e aids

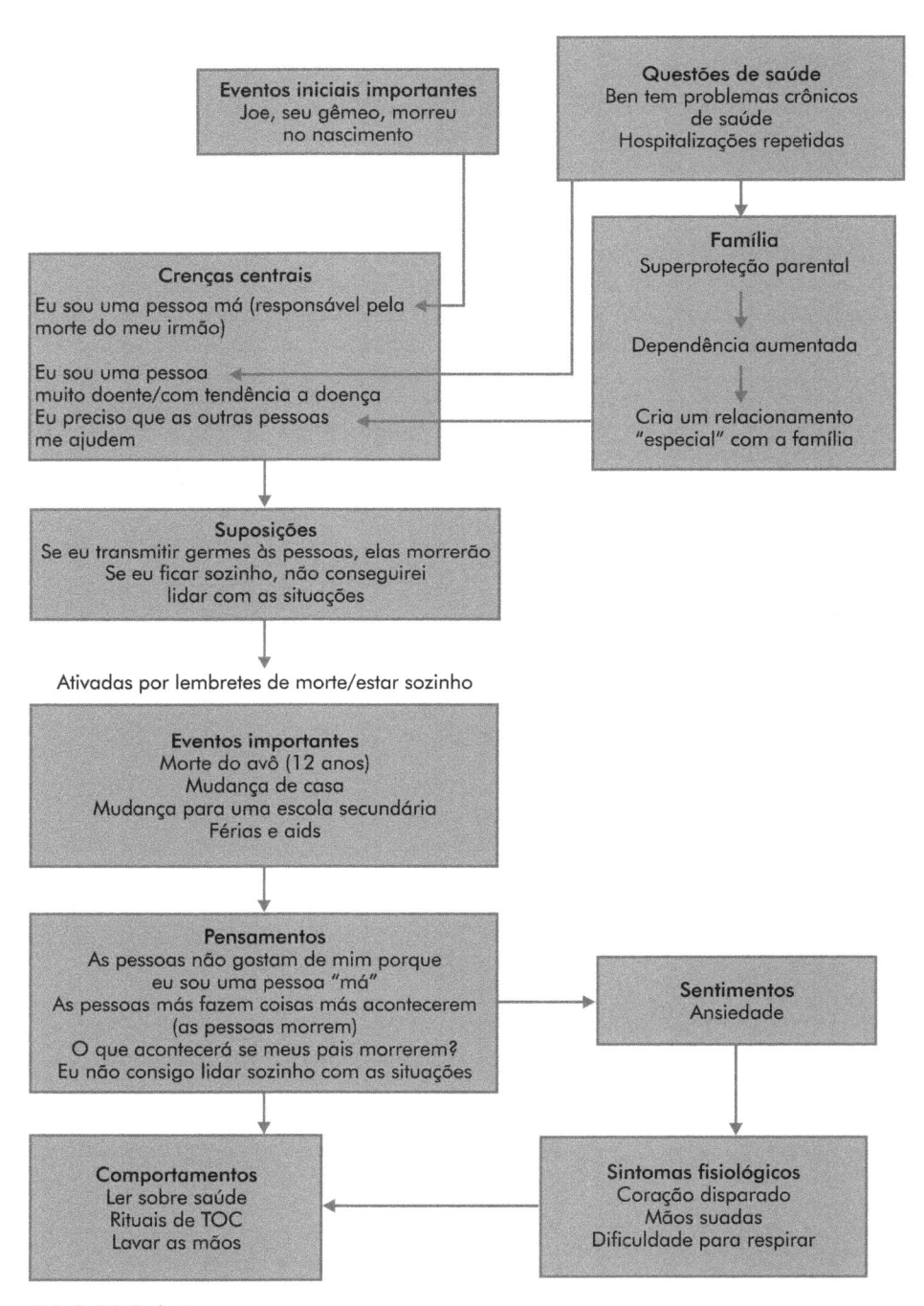

Pensamentos
As pessoas não gostam de mim porque eu sou uma pessoa "má"
As pessoas más fazem coisas más acontecerem (as pessoas morrem)
O que acontecerá se meus pais morrerem?
Eu não consigo lidar sozinho com as situações

Sentimentos
Ansiedade

Comportamentos
Ler sobre saúde
Rituais de TOC
Lavar as mãos

Sintomas fisiológicos
Coração disparado
Mãos suadas
Dificuldade para respirar

Figura 3.6 O TOC de Ben.

tões de saúde e o papel da família) e revela como isso contribuiu para o desenvolvimento das crenças nucleares específicas de Ben.

> Podem ser desenvolvidas formulações iniciais complexas que relacionam importantes comportamentos dos cuidadores e/ou eventos a crenças centrais específicas.

▶ Formulações específicas para um problema

Houve avanços recentes no desenvolvimento de modelos teóricos cognitivos que explicam problemas específicos da infância. Barrett e Healy (2003), por exemplo, demonstraram quais aspectos-chave da teoria cognitiva de Salkovskis sobre o TOC (1985, 1989) se aplicam às crianças. Crianças com TOC relataram índices mais elevados de responsabilidade por danos, gravidade de possíveis danos, fusão do pensamento-ação e menor controle cognitivo quando comparadas a um grupo não-clínico. Da mesma forma, o modelo cognitivo de Ehlers e Clark (2000) do TEPT, desenvolvido com adultos, foi recentemente aplicado a crianças. Ehlers e colaboradores (2003) descobriram que a interpretação negativa de memórias intrusivas, ruminação, supressão de pensamentos e dissociação persistente estavam associadas à gravidade do TEPT aos três e seis meses.

Modelos teóricos como esses são úteis para estruturar formulações, identificar e salientar variáveis e processos cognitivos importantes. Por exemplo, as informações sobre as cognições das crianças e os fatores familiares que estão associados ao desenvolvimento e manutenção da ansiedade serão brevemente resumidas e utilizadas para estruturar uma formulação de caso.

■ Ansiedade generalizada

As crianças com transtorno de ansiedade generalizada tendem a apresentar algumas cognições e vieses comuns. Em termos de conteúdo cognitivo, as crianças com esses transtornos tendem a relatar preocupações em relação ao que acontecerá no futuro (por exemplo, "Será que eu conseguirei chegar lá a tempo?") ou a eventos que já aconteceram (por exemplo, "Não tenho certeza de ter dito a coisa certa"). O conteúdo predominante de suas preocupações difere, por exemplo, do das crianças com fobia social, que se preocupam especialmente com vergonha social ou avaliações negativas por parte dos outros, ou das preocupações das crianças com fobias, que têm muito medo de uma determinada situação ou objeto. Além disso, as crianças com transtorno de ansiedade generalizada tendem a apresentar alguns vieses cognitivos comuns. Elas fazem mais avaliações negativas sobre si mesmas e seu desempenho, têm mais expectativas negativas e focalizam mais quaisquer sugestões ou informações relacionadas a ameaças (Barrett et al., 1996a; Bogels e Zigterman, 2000). Rapee (1997) esclareceu como esses padrões e vieses de pensamento são geralmente incentivados e reforçados pela família da criança. Foi descoberto que os pais de crianças ansiosas dão um modelo do comportamento ansioso, identificam mais ameaças em situações ambíguas e incentivam os filhos a lidar com desafios ou novas situações empregando a evitação. Os pais freqüentemente são superenvolvidos, o que transmite à criança a mensagem de que o mundo é um lugar ameaçador e elas não serão capazes de lidar sozinhas com ele (Hudson e Rapee, 2001). Finalmente, eles tendem a ser superprotetores, o que faz com que a criança tenha menos oportunidades de desenvolver e praticar habilidades de enfrentamento mais adequadas. Quando confrontadas com situações novas ou exigentes, as crianças ansiosas relatam sintomas significativos de ansiedade, que podem tentar reduzir por meio da evitação.

Esse modelo foi empregado para estruturar uma formulação sobre uma menina com ansiedade generalizada. A formulação incorporou informações contextuais importantes sobre a família e também sobre o papel dos pais no início e na manutenção dos problemas de Yung Ming.

A ansiedade de Yung Ming

Yung Ming (8), filha única, foi encaminhada devido a preocupações excessivas e ansiedade generalizada. Essas dificuldades eram particularmente notáveis na escola, tanto na sala de aula como no pátio. Yung Ming foi descrita pela professora como muito capaz em termos acadêmicos, uma menina que estabelecia para si mesma padrões muito elevados e ficava muito chateada quando seu desempenho não correspondia a esses padrões. Yung Ming não gostava da professora, dizendo que ela não escutava suas preocupações e estava sempre gritando, o que a deixava apreensiva. Ela ficava ansiosa quando precisava fazer alguma tarefa, com medo de cometer erros e ser repreendida. Socialmente, tinha duas amigas, mas não se encontrava com elas fora da escola. Yung Ming era regularmente alvo da implicância dos colegas, que diziam "nomes feios" para ela. A família era muito unida, tinha poucos amigos ou contato com parentes, e eles passavam a maior parte do tempo juntos, sozinhos. O relacionamento entre Yung Ming e a mãe era especialmente estreito, e a mãe passava um tempo considerável escutando as preocupações da filha e regularmente retomava as suas questões envolvendo a escola. Ela não deixava a filha brincar com as outras crianças porque elas poderiam provocá-la ou lhe dizer coisas desagradáveis.

Com base nessas e em outras informações que surgiram durante a avaliação, a seguinte formulação (Figura 3.7) foi desenvolvida com Yung Ming e a mãe para explicar suas dificuldades.

A formulação desenvolvida tentou incluir e destacar informações e experiências importantes do passado que contribuíram para a ansiedade de Yung Ming (filha única, família socialmente isolada, passa muito tempo só com a família). As conseqüências disso foram identificadas (Yung Ming e a mãe passam juntas a maior parte do tempo, o que resulta num relacionamento "protetor" muito estreito). E isso levou Yung Ming a perceber o mundo como um "lugar assustador", em que ela precisa da mãe para ajudá-la. Essas crenças foram ativadas por eventos desencadeantes (problemas de amizades e tarefas escolares), o que resultou em pensamentos automáticos com viés negativo. Esses vieses eram consistentes com alguns encontrados em crianças com ansiedade generalizada. Yung Ming tinha preocupações gerais que prediziam fracasso ("E se eu entender isto errado?") e avaliava negativamente suas capacidades ("Não sou capaz de fazer isto") e a si mesma ("Ninguém gosta de mim"). Ela tendia a perceber as situações como potencialmente ameaçadoras ("Todo o mundo fica me encarando no pátio da escola") e esperava que as pessoas fossem agressivas ("Aposto que elas vão tentar me bater"). Esses pensamentos resultavam em alguns sintomas de ansiedade generalizada e faziam com que Yung Ming evitasse situações (o pátio da escola) e não tivesse oportunidades para aprender a socializar com seus iguais. Essa evitação também era encorajada pela mãe (não deixava Yung Ming brincar com crianças fora da escola).

Eventos e experiências importantes

FORMULAÇÕES

Situação
Yung Ming é filha única
A família tem poucos amigos
Passam muito tempo juntos

⟷

Relacionamento familiar
Yung Ming é muito "especial"
A mãe quer proteger/cuidar de Yung Ming
A mãe e Yung Ming têm um relacionamento muito estreito

Crenças de Yung Ming
O mundo é um lugar assustador
Eu preciso da mamãe para me ajudar

Gatilhos
Ser ridicularizada na escola

Gatilhos
A professora dar uma tarefa de lição de casa

O que Yung Ming pensa
"*Ninguém* gosta de mim"
"Aposto que eles vão tentar me bater"
"Eu contei à professora, mas ela não me escutou"

O que Yung Ming pensa
"E se eu entender isto errado?"
"Eu não sou capaz de fazer isto"
"Eu preciso da mamãe para me ajudar"

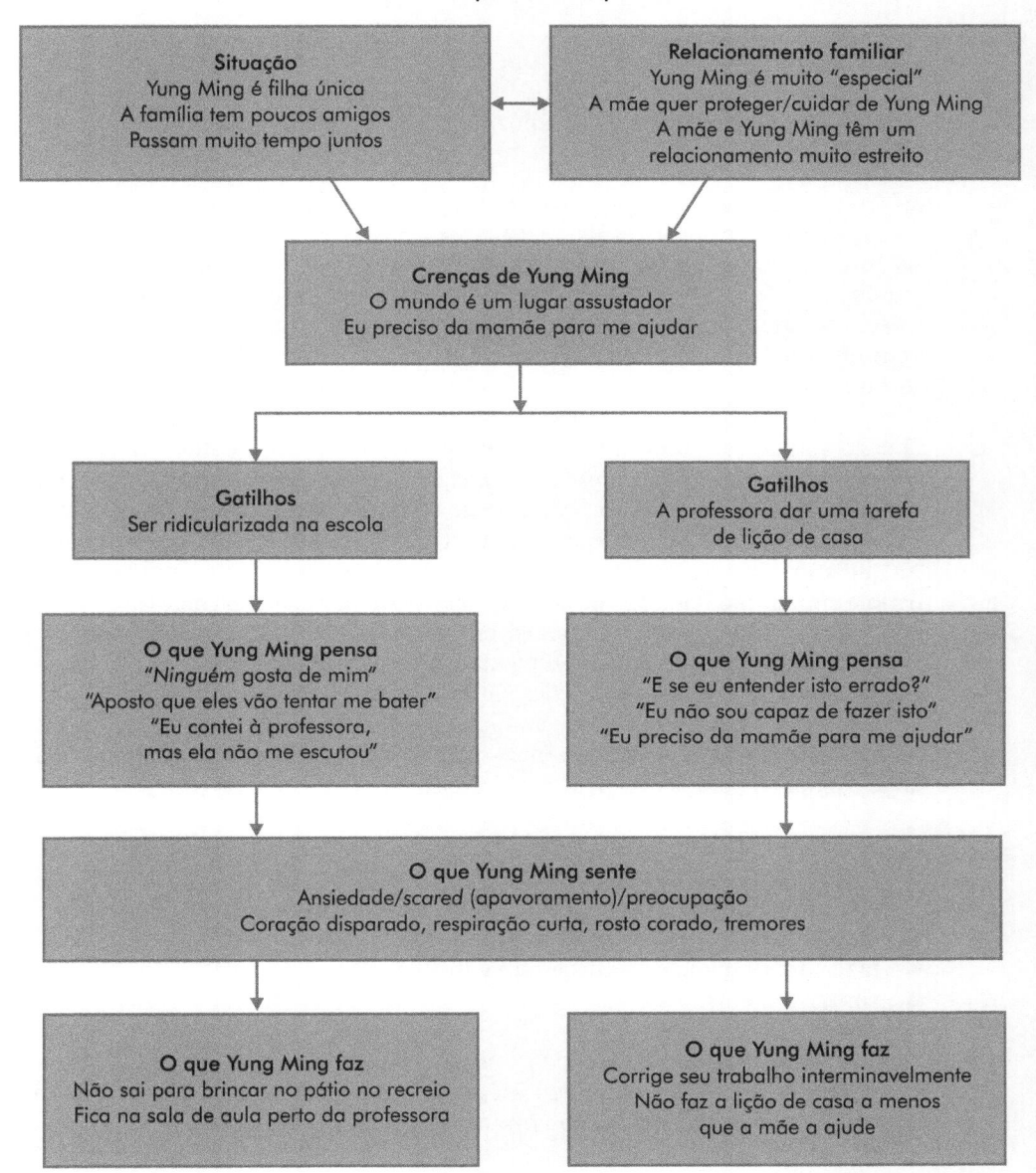

O que Yung Ming sente
Ansiedade/*scared* (apavoramento)/preocupação
Coração disparado, respiração curta, rosto corado, tremores

O que Yung Ming faz
Não sai para brincar no pátio no recreio
Fica na sala de aula perto da professora

O que Yung Ming faz
Corrige seu trabalho interminavelmente
Não faz a lição de casa a menos que a mãe a ajude

Figura 3.7 A formulação da ansiedade de Yung Ming.

- As formulações específicas para um problema fornecem uma estrutura capaz de incorporar fatores contextuais e familiares importantes.
- Elas salientam e vinculam importantes cognições e comportamentos associados a problemas específicos.

▶ Problemas comuns

Uma boa formulação de caso é um pré-requisito para qualquer programa de tratamento individual. Entretanto, não é fácil desenvolver uma formulação, e os terapeutas relatam algumas dificuldades comuns, como, por exemplo:

■ E se a criança tiver dificuldade para identificar os seus pensamentos?

Às vezes, o terapeuta tem dificuldade para identificar as cognições ou os sentimentos da criança. Ela parece falar de uma maneira descritiva, objetiva, em que os acontecimentos são descritos de forma objetiva e factual. Tentativas de evocar pensamentos ou sentimentos são recebidas com silêncio ou um simples "Eu não sei" ou "Nada".

Em termos de comunicação, muitas crianças são capazes de participar de um diálogo verbal. Perguntas diretas podem ser úteis, especialmente com adolescentes, que em geral estão dispostos a verbalizar voluntariamente suas idéias. Dirigir as perguntas a situações ou acontecimentos específicos pode torná-las mais claras, compreensíveis e fáceis de responder. A criança pode achar mais fácil responder a "O que estava passando pela sua cabeça enquanto você caminhava até o Mike no pátio?" em vez de a "Que tipo de pensamento você tem quando encontra as pessoas?".

Escutar atentamente a criança em geral revela que os relatos descritivos aparentemente factuais contêm uma abundância de afirmações que indicam pensamentos automáticos e suposições. Outras vezes, o uso de abordagens indiretas ou não-verbais pode ser útil. As crianças geralmente ficam mais relaxadas e dispostas a verbalizar seus pensamentos quando estão envolvidas em alguma atividade. Alguns métodos que podem ser úteis:

- uso de balões de pensamento;
- perguntar o que uma terceira pessoa/o melhor amigo poderia pensar numa situação similar;
- uso de marionetes para encenar uma situação;
- fazer um desenho da situação difícil;
- contar uma história.

Se for encontrado o meio de comunicação apropriado, a criança dificilmente deixará de revelar alguns pensamentos ou sentimentos. O desafio, para o terapeuta, é encontrar um meio apropriado para se comunicar com a criança.

■ É importante distinguir entre diferentes níveis de cognição?

Padesky e Greenberger (1995) salientam a importância de o terapeuta estar ciente dos diferentes níveis de cognição, uma vez que eles requerem diferentes métodos de avaliação e intervenções. Os pensamentos automáticos são os mais acessíveis e geralmente podem ser avaliados por meio de diários ou se tornar aparentes quando a criança fala sobre situações difíceis. Eles podem ser modificados pelo método, comumente empregado com crianças, de substituir pensamentos automáticos negativos e disfuncionais por uma conversa positiva consigo mesma. A criança, portanto, é incentivada a praticar pensamentos alternativos, mais úteis, que podem ser usados em situações difíceis.

As suposições raramente são verbalizadas diretamente, mas podem ser identificadas por meio de experimentos comportamentais em que a criança é solicitada a predizer (isto é, a operacionalizar suas cognições) o que acontecerá. Os experimentos comportamentais também são uma maneira útil de desafiar e testar suposições e podem levar à reestruturação cognitiva. Entretanto, embora os experimentos comportamentais possam fornecer informações que contestam as crenças centrais da criança, só isso não será suficiente para modificá-las. Por definição, as crenças centrais são as cognições mais profundas e mais persistentes e costumam resistir a informações novas ou conflitantes. Sempre que estivermos trabalhando com crenças centrais, o objetivo terapêutico é o de desenvolver uma crença alternativa, e não o de tentar refutar a crença existente. Esse processo pode ser facilitado pelo uso de graduações da fé na crença (notas numéricas, por exemplo) o que revelará sutis mudanças na força de crenças existentes.

■ Eu não estou conseguindo juntar tudo isso em uma formulação

Um grande desafio para o terapeuta é identificar informações importantes e organizar isso em uma estrutura cognitiva que ajude a criança a compreender seus problemas. Os terapeutas podem se sentir esmagados pela quantidade de informações coletadas durante a avaliação e ter dificuldade para incorporá-las em uma formulação simples, compreensível e coerente. Em geral, essa dificuldade surge por duas razões principais.

Em primeiro lugar, o terapeuta talvez não tenha identificado as informações relevantes ou necessárias para desenvolver a formulação. Isso se deve a uma variedade de fatores, tais como a inexperiência do terapeuta em focar e prestar atenção a informações cruciais ou à falta de especificidade ou detalhamento das perguntas da avaliação. Imensas quantidades de informação são obtidas durante uma entrevista clínica, e grande parte disso talvez não seja diretamente relevante para a formulação. Assim, convém considerar cuidadosamente a estrutura da entrevista, para garantir que as áreas relevantes sejam avaliadas. Da mesma forma, se as informações não forem suficientemente detalhadas, prestar maior atenção ao tipo e conteúdo das perguntas pode ajudar a eliciar informações mais claras e mais específicas. Se essas dificuldades persistirem, a supervisão clínica é particularmente importante e ajudará o terapeuta a identificar diferentes formas de obter informações-chave e determinar as distinções necessárias.

A segunda razão comum é o terapeuta não identificar uma clara estrutura de formulação para ajudá-lo a selecionar as informações. A miniformulação fornece a estrutura mais simples e ajuda o terapeuta a se concentrar na identificação de um evento desencadeante e a investigar cada um dos concomitantes elementos-chave no ciclo da TCC, isto é, pensamentos, sentimentos e comportamentos. Se necessário, os sentimentos podem ser subdivididos em reação emocional e mudanças fisiológicas/somáticas. Com a prática, ficará mais fácil desenvolver a formulação inicial e distinguir entre diferentes cognições.

■ Eu não tenho certeza da exatidão da formulação

Compreensivelmente, o terapeuta quer ter certeza de que as idéias e informações que transmite durante a terapia são exatas e que a formulação desenvolvida com a criança está "certa". Na verdade, é essencial garantir que a formulação seja consistente com um modelo explanatório cognitivo, pois isso informará a natureza e o conteúdo da intervenção. Mas há momentos em que essa preocupação de entender as coisas "corretamente" pode ser contraprodutiva e fazer com que o terapeuta não consiga compartilhar explicitamente a formulação. A oportunidade de ensinar à criança e sua família o modelo cognitivo se perde. O processo da terapia começa a mudar, de um modelo colaborativo para um modelo que se torna fechado e mais secreto. A incapacidade de compartilhar livremente informações modifica implicitamente o processo da TCC, que deixa de ser um empirismo compartilhado para se tornar um "modelo conduzido pelo especialista".

As formulações não são estáticas e, portanto, nunca estarão totalmente "corretas". Elas são dinâmicas, constantemente atualizadas e revisadas durante o curso da terapia, na medida em que novas informações surgem ou experimentos comportamentais confirmam ou refutam aspectos do modelo. Mas a formulação sempre é o entendimento compartilhado que vincula informações importantes. A criança e os pais, portanto, precisam compreender que a formulação é um modelo de trabalho atual que pode mudar com o passar do tempo. Adotar essa abordagem garante que a formulação seja desenvolvida e compartilhada no início da terapia e que o terapeuta e a criança trabalhem juntos para testar, revisar e desenvolver a formulação. A natureza dinâmica da formulação não significa que o terapeuta não foi capaz de entender tudo corretamente. Ao contrário, isso sugere que, à luz de maiores conhecimentos, o entendimento da criança, dos pais e do terapeuta mudou.

■ Eu não consigo encontrar todas as informações para completar a formulação

Ao desenvolver uma formulação, inevitavelmente haverá momentos em que será difícil identificar certas partes do modelo. As crenças centrais são as cognições mais profundas e, em geral, as menos acessíveis. As suposições podem ser difíceis de acessar e as crianças talvez não tenham a linguagem para descrever adequadamente suas emoções. Nesses momentos, o terapeuta ainda pode organizar em uma estrutura de TCC as informações obtidas, mas deve salientar em que pontos há informações faltando. Isso pode ser feito em termos visuais, de modo que os pontos incompletos ficarão claramente visíveis, o que ajudará a dar um foco à discussão. Em outros momentos, convém simplesmente reconhecer que "nós não sabemos ainda o que colocar neste lugar" e deixar um ponto de interrogação. A parte da formulação que está faltando fica destacada, e podemos voltar a ela em sessões subseqüentes para ver se surgem novas informações que nos permitirão completar a lacuna.

- ■ Métodos não-verbais podem ser usados para identificar pensamentos.
- ■ Diferentes níveis de cognição requerem diferentes métodos de avaliação e intervenção.
- ■ Miniformulações simples geralmente são uma maneira útil de estruturar uma formulação.
- ■ As formulações evoluem e mudam no decorrer do tempo. Compartilhe assim que possível e chame a atenção para lacunas ou informações incompletas.

BONS PENSAMENTOS – BONS SENTIMENTOS

A armadilha negativa

Pense sobre uma das **situações mais difíceis** para você e escreva/desenhe:

- ▶ o que **ACONTECE**
- ▶ como você **SE SENTE**
- ▶ o que você **PENSA** quando está naquela situação

O que **PENSO**:

O que **FAÇO**:

Como **ME SINTO**:

Fonte: Stallard (2002). *Think Good-Feel Good*. © John Wiley e Sons, Ltd. Reproduzido com permissão. Publicado pela Artmed em 2004. *Bons pensamentos–bons sentimentos: manual de terapia cognitivo-comportamental para crianças e adolescentes*.

BONS PENSAMENTOS – BONS SENTIMENTOS

A armadilha negativa de quatro partes

Pense em uma situação ou acontecimento recente que foi difícil e desenhe ou escreva isso no quadro "O que aconteceu"

Quando isso estava acontecendo, desenhe ou escreva:

▶ o que você **PENSOU** – que pensamentos passaram pela sua cabeça?
▶ como você **SE SENTIU**?
▶ como o seu **CORPO MUDOU**?
▶ o que você **FEZ**?

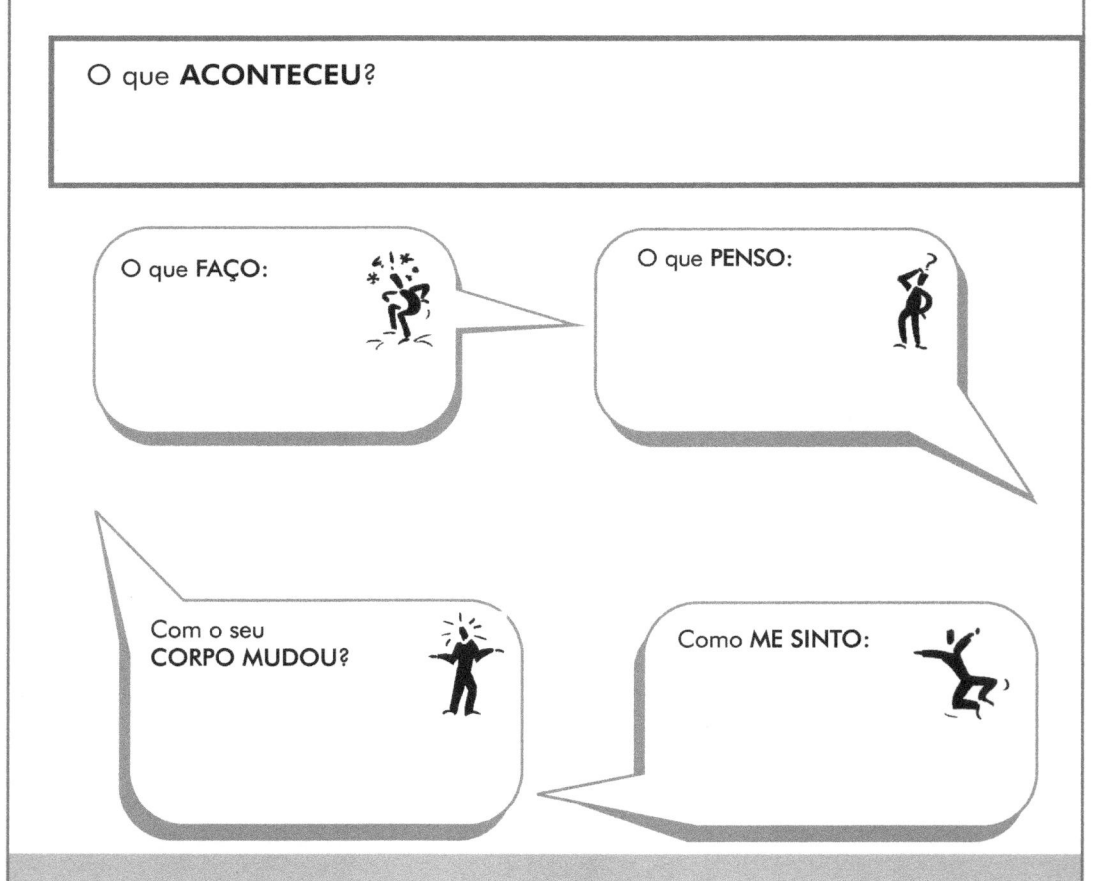

O que **ACONTECEU**?

O que **FAÇO**:

O que **PENSO**:

Com o seu **CORPO MUDOU**?

Como **ME SINTO**:

BONS PENSAMENTOS – BONS SENTIMENTOS

Modelo de formulação inicial

EVENTOS E EXPERIÊNCIAS IMPORTANTES

↓ Levam ao desenvolvimento de

CRENÇAS CENTRAIS

↓ Levam-nos a fazer predições sobre o que acontecerá

SUPOSIÇÕES

↓ São ativadas por acontecimentos

GATILHOS

↓ Pensamentos que passam pela nossa cabeça

PENSAMENTOS AUTOMÁTICOS

↓ Produzem uma mudança emocional

SENTIMENTOS

↓ Afetam o que fazemos

COMPORTAMENTOS

◀ CAPÍTULO QUATRO ▶

O processo socrático e o raciocínio indutivo

A TCC tem como objetivo ajudar as crianças a desenvolver habilidades e processos que lhes permitam identificar, compreender, desafiar e reavaliar seus pensamentos, crenças e suposições. As cognições importantes que são usadas para explicar eventos e prever futuros resultados precisam, portanto, ser identificadas e sistematicamente examinadas, para podermos identificar possíveis vieses ou generalizações inadequadas. Esse exame estruturado resulta em a criança estabelecer limites mais apropriados para suas crenças e suposições, o que leva ao desenvolvimento de uma estrutura cognitiva alternativa mais equilibrada.

▶ Facilitando a autodescoberta

Um equívoco comum entre os terapeutas inexperientes na TCC é pensar que esse processo de autodescoberta e redefinição é realizado incentivando-se a criança a simplesmente pensar de forma racional ou lógica. Inevitavelmente, numa abordagem assim ingênua, o terapeuta faz à criança perguntas "inteligentes" destinadas a desafiar e refutar as suas cognições ou desacreditá-las. Ele tem uma idéia preconcebida sobre o resultado que gostaria de obter com a criança e utiliza perguntas para guiá-la até essa conclusão. O processo não é colaborativo nem capacita a criança, pois o terapeuta utiliza suas habilidades verbais mais desenvolvidas para salientar a irracionalidade dos pensamentos da criança e mostrar que eles estão errados. Isso se torna um exercício negativo, abstrato e intelectual, em que a criança não se apropria do processo e nem do resultado. Os adolescentes, especialmente, não serão ajudados por tal abordagem. O que costuma acontecer é o terapeuta se tornar cada vez mais um adversário, enquanto o adolescente é forçado a manter e defender suas crenças e suposições diante desse desafio externo.

Em contraste, a TCC útil para crianças e adolescentes é aquela firmemente inserida em um processo socrático que os ajuda a descobrir, avaliar e reavaliar suas cognições. O processo é positivo, capacitante e apoiador, e baseia-se em um questionamento genuíno e aberto, que transmite interesse e revela que o terapeuta realmente quer compreender como a criança pensa, se sente e se comporta. Esse sentimento de curiosidade estimula a identificação das definições universais, das generalizações cognitivas que a criança aplica à sua vida. São identificados os pensamentos, crenças, suposições e experiências importantes, e é esclarecido o significado que a criança lhes atribui. As perguntas são enunciadas cuidadosamente para dirigir e manter o *momentum* terapêutico. Isso orienta a criança e a ajuda a questionar sistematicamente suas definições universais e a se engajar em um processo de raciocínio indutivo, por meio do qual cognições importantes são exploradas e reavaliadas. As perguntas do terapeuta ajudam a criança a prestar atenção a informações e a considerá-las que ela previamente ignorou ou considerou sem importância. Prestar atenção a essas novas informações ajuda a criança a considerar uma variedade maior de fatores e possibilidades. Isso mostra que existem diferentes maneiras de pensar sobre os eventos e de explicá-los, e que as definições universais da criança têm limites.

O processo socrático é colaborativo e permite que a criança estabeleça um novo entendimento que, simultaneamente, faz sentido e a auxilia. Esse processo não tem como objetivo simplesmente provar que a criança está errada ou incentivá-la a mudar de idéia. Portanto, as perguntas do terapeuta devem, ao mesmo tempo, modelar e facilitar o processo da descoberta orientada.

- O processo socrático **não** tem como objetivo provar a irracionalidade das cognições da criança.
- Seu objetivo é criar um diálogo positivo, capacitante e apoiador, que permita que a criança identifique, teste e reavalie suas suposições e crenças.

▶ A estrutura do processo socrático

O processo socrático fornece a estrutura pela qual a criança identifica, testa e reavalia as importantes generalizações cognitivas que utiliza para interpretar e compreender seu mundo. O processo é estruturado e envolve algumas etapas distintas, cada uma com um propósito específico.

Rutter e Friedberg (1990) identificam um processo de cinco estágios que levam à etapa final da dedução lógica e avaliação sistemática de cognições-chave. O estágio inicial envolve identificar cognições importantes e o segundo, os sentimentos e comportamentos a elas associados. O terceiro estágio é psicoeducacional, em que o vínculo pensamento-sentimento-comportamento é destacado. A criança aprende sobre o modelo cognitivo quando a relação entre o que ela pensa, como se sente e o que faz é esclarecida. O quarto estágio reavalia e desenvolve o relacionamento colaborativo. As idéias da criança sobre a formulação são investigadas e é obtida sua concordância quanto a avançar para o estágio final do questionamento socrático. Esse processo salienta a necessidade de garantir que a criança compreendeu o modelo cognitivo, que houve concordância sobre a formulação do problema e foi estabelecido um relacionamento terapêutico colaborativo antes de passarmos para o raciocínio indutivo.

Padesky (fita cassete SQ_I) descreve um processo semelhante de quatro estágios. O primeiro estágio tem a ver com a psicoeducação e busca eliciar e identificar as cognições/suposições importantes e os sentimentos e comportamentos a elas associados. O estágio dois é o da escuta empática por parte do terapeuta: a linguagem da criança é incorporada ao diálogo e o terapeuta chama a sua atenção para informações potencialmente importantes, mas ignoradas até o momento. No terceiro estágio, as cognições/suposições da criança são resumidas. É feito um resumo das informações-chave, obtidas por meio do diálogo, que apóiam ou contestam sua atual maneira de pensar. O uso de resumos e reflexões é importante para manter o relacionamento colaborativo e cria oportunidades constantes de se corrigir quaisquer mal-entendidos. Os resumos e reflexões também constituem comentários regulares sobre as relações que a criança acredita haver entre eventos. Isso pode ser um catalisador para a criança fazer uma análise mais crítica por meio do raciocínio indutivo. No estágio final ocorre uma reflexão sobre essas novas informações (por exemplo, "Como você entende isso?") e uma reavaliação das cognições existentes: as cognições são reavaliadas, as novas informações são sintetizadas na estrutura cognitiva da criança e é desenvolvido um conjunto alternativo de crenças ou suposições.

Finalmente, Overholser (1994) descreve um processo baseado em três etapas: identificação, avaliação e redefinição. Durante o estágio da identificação, o terapeuta busca reconhecer "definições universais" importantes, generalizações e vieses cognitivos que a criança usa para filtrar, interpretar, guiar e predizer o que acontece em sua vida. Então, o terapeuta tenta esclarecer a definição e assegurar um entendimento compartilhado claro e definido do significado que a criança atribui a ela. Inevitavelmente, isso vai revelar certo grau de confusão e levar o diálogo ao segundo estágio, o da avaliação. Este é o estágio para testar a definição e, em especial, para identificar quaisquer exceções ou limitações. As definições universais precisam ser estáveis e consistentes ao longo do tempo e explicar todas as eventualidades. A avaliação tem por objetivo desafiar sistematicamente essa universalidade e buscar exemplos contrários ou evidências de inconsistência lógica. Esse processo ajuda a criança a estabelecer limites em torno de suas definições e conduz ao estágio final da redefinição. Neste estágio, há a integração e assimilação dessas novas informações na estrutura cognitiva da criança e o desenvolvimento de uma nova definição ou conjunto de cognições.

> O processo socrático envolve:
>
> - eliciar e identificar cognições importantes e sentimentos e comportamentos associados;
> - ajudar a criança a prestar atenção a informações novas ou ignoradas;
> - sintetizar e integrar novas informações e
> - reavaliar antigas cognições e desenvolver uma estrutura cognitiva mais equilibrada.
>
> Isso ocorre em um contexto colaborativo que envolve o uso de:
>
> - escuta empática e
> - resumos e reflexões.

▶ Raciocínio indutivo

Raciocínio indutivo é o processo pelo qual a criança é ajudada a explorar e analisar semelhanças e diferenças entre eventos. Isso a auxilia a identificar e testar supergeneralizações, vieses de escolha ou pensamento dicotômico – que resultam na aplicação inadequada de crenças ou suposições gerais – o que, por sua vez, leva ao estabelecimento de limites apropriados e ao desenvolvimento de cognições alternativas mais equilibradas.

As supergeneralizações envolvem a extrapolação de experiências individuais específicas para uma grande variedade de diferentes situações. Diferenças sutis, mas importantes, entre eventos, passam despercebidas enquanto a definição universal é aplicada sem uma crítica adequada. Essa dificuldade é comum e, na verdade, muitos dos vieses cognitivos encontrados na TCC baseiam-se em supergeneralizações inexatas (Ellis, 1977). Tipicamente, essas supergeneralizações se tornam autoperpetuadoras, já que a criança busca e presta atenção a informações confirmatórias, negando ou ignorando aquelas que iriam contradizer ou contestar sua visão. Isso pode fazer com que a criança desenvolva crenças dicotômicas extremas e polarizadas, em que os eventos são considerados de duas posições mutuamente exclusivas e as graduações intermediárias são ignoradas.

O raciocínio indutivo com crianças envolve, tipicamente, duas abordagens principais:

- Ajudar a criança a prestar atenção a informações novas ou ignoradas que lhe permitam reconsiderar e revisar suas generalizações e vieses.
- Avaliar sistematicamente as relações que fundamentam suas crenças e suposições cognitivas.

Adquirir novas informações

O raciocínio indutivo ajuda a criança a estabelecer limites para suas generalizações, ajudando-a a acumular evidências que comprovem ou refutem suas crenças ou suposições. Portanto, a criança é encorajada a considerar e utilizar um corpo de conhecimento mais amplo ou a considerar pontos de vista alternativos. Isso, caracteristicamente, envolve três métodos:

- considerar a crença ou suposição de uma perspectiva diferente;
- chamar atenção para informações novas ou ignoradas;
- usar comparações analógicas para ajudar a criança a considerar diferenças importantes, mas não imediatamente óbvias.

Considerar a perspectiva de uma terceira pessoa

Para poder agir contra a auto-seleção e o viés subjetivo inerentes que fundamentam muitas generalizações, a criança é ajudada a considerar suas cognições de uma perspectiva diferente. A introdução da perspectiva de uma terceira pessoa promove objetividade e ajuda a criança a se distanciar do componente emocional de suas cognições, permitindo-lhe reconhecer visões alternativas e, possivelmente, conflitantes. Por exemplo, uma criança que regularmente se descreve como um "fracasso" pode ser solicitada a considerar se seu melhor amigo a veria dessa maneira. O que esse amigo diria se a ouvisse fazer essa afirmação? Se a criança for incapaz de considerar isso de uma perspectiva diferente, a tarefa pode ser transformada em um experimento comportamental. A criança pode pedir a pessoas que valoriza, e com as quais se sente segura para conversar, que identifiquem coisas que ela faz bem. Esse foco positivo no sucesso (isto é, coisas em que ela é boa) também é um desafio direto à crença de ser um "fracasso" e ajudará a criança a reconhecer que sua generalização negativa pode ter limitações. Isso vai ajudá-la a definir o seu "fracasso" mais especificamente, por exemplo, "Eu muitas vezes vou mal nos testes de matemática na escola", e a desenvolver uma cognição alternativa, "Eu muitas vezes tiro o primeiro lugar no campeonato de natação do time".

Prestar atenção a informações novas ou ignoradas

Uma segunda maneira de estabelecer limites é ajudar a criança a prestar atenção a informações novas, a experiências ou acontecimentos passados que ela pode estar ignorando. A criança que acredita que as pessoas são más e querem magoá-la pode ser ajudada a pensar em épocas anteriores em que isso aconteceu. Então ela pode descobrir que só foi maltratada por um grupo pequeno e específico de crianças metidas a valentonas. Da mesma forma, a exploração de eventos atuais pode revelar que há pessoas com as quais ela desenvolveu amizade e que foram generosas. Isso ajuda a estabelecer alguns limites apropriados em torno de sua crença universal de que "as pessoas são más".

Foi incluída no *BPBS* (p. 99) uma folha de exercícios que fornece uma estrutura que pode ser usada para auxiliar a criança a participar do processo de raciocínio dedutivo e a procurar novas evidências. Isso envolve as seguintes etapas:

- Identificar a definição universal do pensamento negativo que será testado.
- Avaliar, com um escore, a força da crença no pensamento.
- Encontrar as evidências que apóiam esse pensamento.
- Encontrar as evidências que não apóiam esse pensamento.
- Considerar outra perspectiva, perguntar a uma pessoa valorizada (um dos pais, um amigo) o que ela diria se ouvisse esses pensamentos.
- Despersonalizar a situação e considerar o que a criança diria ao seu melhor amigo se o ouvisse pensando dessa maneira.
- Depois de considerar isso, avaliar novamente quanto a criança acredita no pensamento agora.

Comparações analógicas

Em inúmeras situações, a criança generaliza com base em uma semelhança observada, que então é usada para supor a presença de outros fatores que não foram identificados. A criança, pode, por exemplo, ter sido maltratada por colegas na escola e isso pode levá-la a acreditar que as outras crianças são malvadas. Essa crença é então generalizada para outras situações em que ela tem contato com crianças. As comparações analógicas vão chamar a sua atenção para uma variedade mais ampla de informações que a ajudarão a identificar diferenças importantes entre aqueles eventos.

As comparações analógicas envolvem mapear a estrutura conceitual das idéias da criança em outro conjunto de idéias tiradas de um domínio diferente. Dois eventos ou situações são comparados em algumas variáveis relevantes, mas não imediatamente óbvias. Assim, a criança pode ser ajudada, de maneira concreta, a desenvolver perspectivas novas e mais amplas, indo além de semelhanças únicas ou superficiais (por exemplo, todas as outras crianças), a fim de identificar e compreender alguns dos outros fatores que podem resultar em elas serem malvadas (por exemplo, familiaridade, gênero, idade, natureza do relacionamento entre elas, etc.).

Uma maneira comum de realizar comparações analógicas com crianças é o uso de metáforas. Por exemplo, a criança que supõe que as outras crianças são malvadas pode ser ajudada a pensar a respeito de carros. Embora a maioria dos carros tenha algumas semelhanças observáveis, basta abrir o capô e as portas e olhar internamente para que as diferenças se tornem claras. Assim, as crianças podem parecer semelhantes, mas basta conhecê-las melhor (entrar no carro ou abrir o capô) para descobrir que algumas são mais bondosas ou melhores do que outras. Metáforas como esta podem ser usadas para ampliar a perspectiva da criança e desafiar a supergeneralização de suas cognições.

> O raciocínio indutivo ajuda a criança a colocar limites para as suas generalizações pela aquisição de novas informações. Isso se consegue:
> - pensando sobre os eventos de uma perspectiva diferente;
> - prestando atenção a informações novas ou ignoradas;
> - utilizando comparações analógicas que, tipicamente, envolvem metáforas.

■ Testar sistematicamente a suposta relação

A criança, muitas vezes, faz suposições sobre a relação entre eventos e conclui que um evento é a causa de outro. Uma criança com TOC pode supor, por exemplo, que será a causa de os pais se envolverem em um acidente de carro se ela não repetir uma série de palavras ou executar algum outro comportamento compulsivo. Nessas situações, é preciso ajudar a criança a testar sistematicamente essa suposta relação. Isso pode ser feito por meio do raciocínio causal, que envolve uma análise lógica dessas suposições, confirmando ou invalidando a suposta relação. Para a criança com TOC,

- a confirmação envolveria explorar ambos os aspectos da suposta relação, isto é, se realizar o ritual evitou acidentes e, em segundo lugar, se a não realização do ritual resultou na concretização do acidente;
- a invalidação envolveria uma exploração de outros fatores que poderiam causar um acidente e são independentes da realização ou não do ritual (por exemplo, falha mecânica, um outro motorista bater no carro, más condições da rua ou estrada). A invalidação ou desconfirmação também pode acontecer examinando-se as muitas etapas necessárias para que um evento aconteça.

Confirmação

Em termos da confirmação, isso poderia ser feito como um experimento comportamental em que a criança investiga a suposta relação. Ela poderia conversar com os pais e verificar se:

- realizar os rituais faz com que os pais fiquem a salvo de qualquer acidente. A criança pode predizer que os pais não tiveram nenhum acidente de carro desde que ela iniciou seu comportamento compulsivo;
- não realizar os rituais resulta em acidentes. A criança pode predizer que os acidentes ocorreriam se ela não realizasse o ritual. Por acaso os pais andaram de carro sem que a criança soubesse ou houve outros momentos em que a criança esqueceu ou não realizou o ritual antes de os pais saírem?

Desconfirmação

A desconfirmação ou invalidação envolve a criança descobrir a complexidade da relação que ela supõe existir, pelo detalhamento das múltiplas etapas que precisariam ocorrer antes que suas cognições possam se tornar realidade. Uma maneira visual muito útil de fazer isso com criança é utilizar exercícios como "A cadeia de eventos". Isso a ajuda a detalhar todos os vínculos que precisam existir na cadeia antes que o evento possa ocorrer. Se um dos muitos vínculos ou elos estiver faltando, então a cadeia está rompida.

Marla é uma menina de 11 anos, com TOC, que tinha medo de ser responsável por infectar outras pessoas e provocar sua morte. A fim de neutralizar esses pensamentos, ela executava diversos comportamentos compulsivos. Em uma sessão foi posto em prática o raciocínio indutivo, utilizando-se "A cadeia de eventos" para salientar algumas das muitas etapas que estariam envolvidas antes que isso pudesse realmente acontecer. A Figura 4.1 é a cadeia de eventos construída com Marla.

A desconfirmação pode ajudar a criança a reconhecer a possível contribuição de outros fatores e a complexidade e impossibilidade de suas suposições. Entretanto, só isso nem sempre é suficiente e a criança pode continuar superenfatizando a própria importância. Nesses momentos, o uso de tortas de responsabilidade (veja Capítulo Sete) pode ser uma boa maneira visual de determinar e quantificar a contribuição respectiva de cada componente do resultado total. A torta de responsabilidade da criança pode ser comparada com a de outra

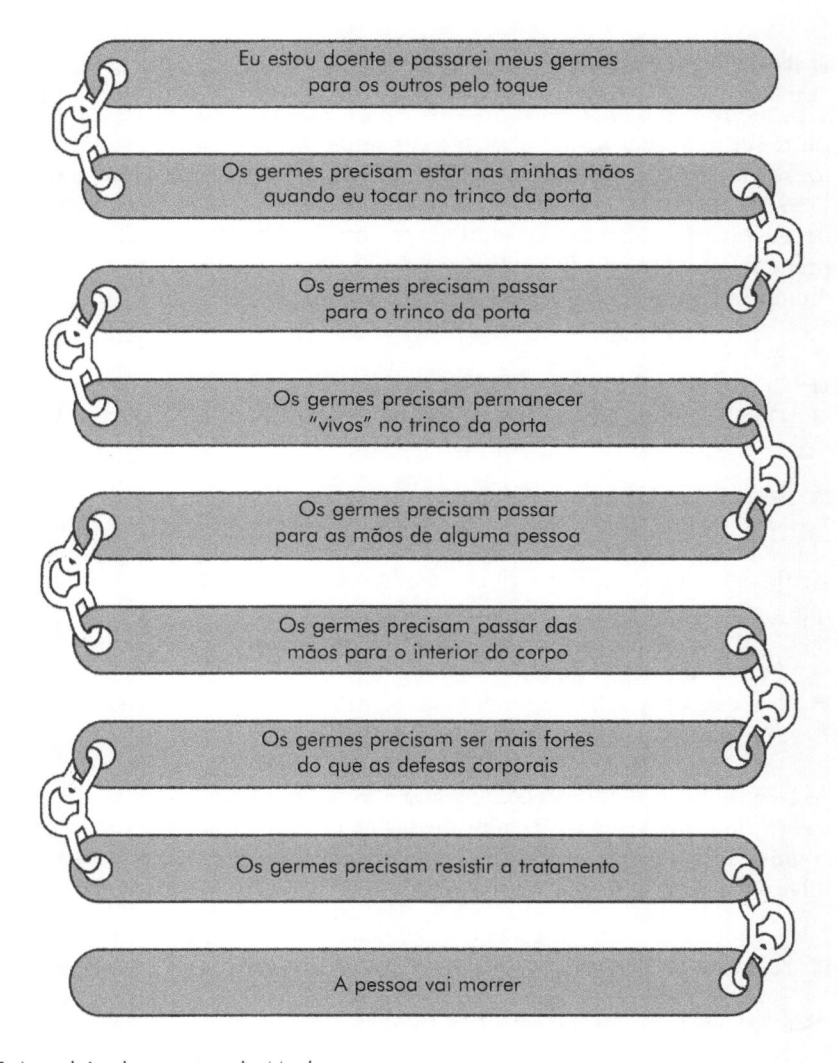

- Eu estou doente e passarei meus germes para os outros pelo toque
- Os germes precisam estar nas minhas mãos quando eu tocar no trinco da porta
- Os germes precisam passar para o trinco da porta
- Os germes precisam permanecer "vivos" no trinco da porta
- Os germes precisam passar para as mãos de alguma pessoa
- Os germes precisam passar das mãos para o interior do corpo
- Os germes precisam ser mais fortes do que as defesas corporais
- Os germes precisam resistir a tratamento
- A pessoa vai morrer

Figura 4.1 A cadeia de eventos de Marla.

pessoa, como uma maneira de esclarecer diferentes perspectivas e ajudar a criança a contestar e reavaliar a força de suas cognições.

> Comparações causais eliminativas ajudam a criança, de forma sistemática, a explorar e testar a suposta relação entre eventos.

▶ O processo socrático

O processo socrático baseia-se no uso cuidadoso do questionamento sistemático para guiar a criança por um processo em que suas definições universais serão identificadas e avaliadas criticamente. Overholser (1993a) identificou sete tipos de perguntas, cada uma com diferentes funções, que podem ser usadas em vários estágios para facilitar o processo de autodescoberta, entendimento, avaliação e reavaliação. O processo é resumido na Figura 4.2.

■ Perguntas de memória

O primeiro passo, e talvez o mais fácil para a criança, são as perguntas de memória descritiva. Elas visam a esclarecer fatos ou detalhes, e a ajudar a criança a focalizar e lembrar informações relevantes para a presente discussão. Overholser (1993a) esclarece que as perguntas de memória têm como objetivo facilitar o desenvolvimento de um entendimento compartilhado, em que o terapeuta compreende as experiências, sentimentos e pensamentos da criança. As perguntas de memória têm um foco factual e descritivo, tal como:

- Quando isso começou?
- O que você faz quando se sente assim?
- Com que freqüência isso acontece?

■ Perguntas de tradução

O nível seguinte do questionamento usa perguntas de tradução para descobrir o significado que a criança atribui a esses eventos. O terapeuta devolve à criança o que escutou e pergunta sobre o significado:

- Como você entende isso?
- Por que você acha que tem esses sentimentos um pouco esquisitos?
- Por que você acha que isso lhe acontece?

As perguntas de tradução começam a identificar algumas das atribuições e suposições da criança. Isso permite ao terapeuta compreender melhor a estrutura cognitiva da criança e começa a esclarecer importantes distorções e vieses que talvez precisem ser mais bem avaliados.

■ Perguntas de interpretação

As perguntas de interpretação são uma conseqüência lógica e são usadas para explorar possíveis relações ou conexões entre eventos. Elas têm por objetivo ajudar a criança a identificar, por si mesma, possíveis padrões e semelhanças. Isso é

```
┌─────────────────────────────────────────────┐
│         Perguntas de memória                │
│  Criam um entendimento factual compartilhado│
└─────────────────────────────────────────────┘
                    ↓
┌─────────────────────────────────────────────┐
│         Perguntas de tradução               │
│  Identificam o significado atribuído a eventos│
└─────────────────────────────────────────────┘
                    ↓
┌─────────────────────────────────────────────┐
│       Perguntas de interpretação            │
│     Exploram a relação entre eventos        │
└─────────────────────────────────────────────┘
                    ↓
┌─────────────────────────────────────────────┐
│         Perguntas de aplicação              │
│ Identificam conhecimentos úteis a respeito de experiências │
└─────────────────────────────────────────────┘
                    ↓
┌─────────────────────────────────────────────┐
│         Perguntas de análise                │
│       Promovem avaliação lógica             │
└─────────────────────────────────────────────┘
                    ↓
┌─────────────────────────────────────────────┐
│         Perguntas de síntese                │
│  Incentivam o pensamento criativo/alternativo│
└─────────────────────────────────────────────┘
                    ↓
┌─────────────────────────────────────────────┐
│         Perguntas de avaliação              │
│     Promovem reavaliação e reflexão         │
└─────────────────────────────────────────────┘
```

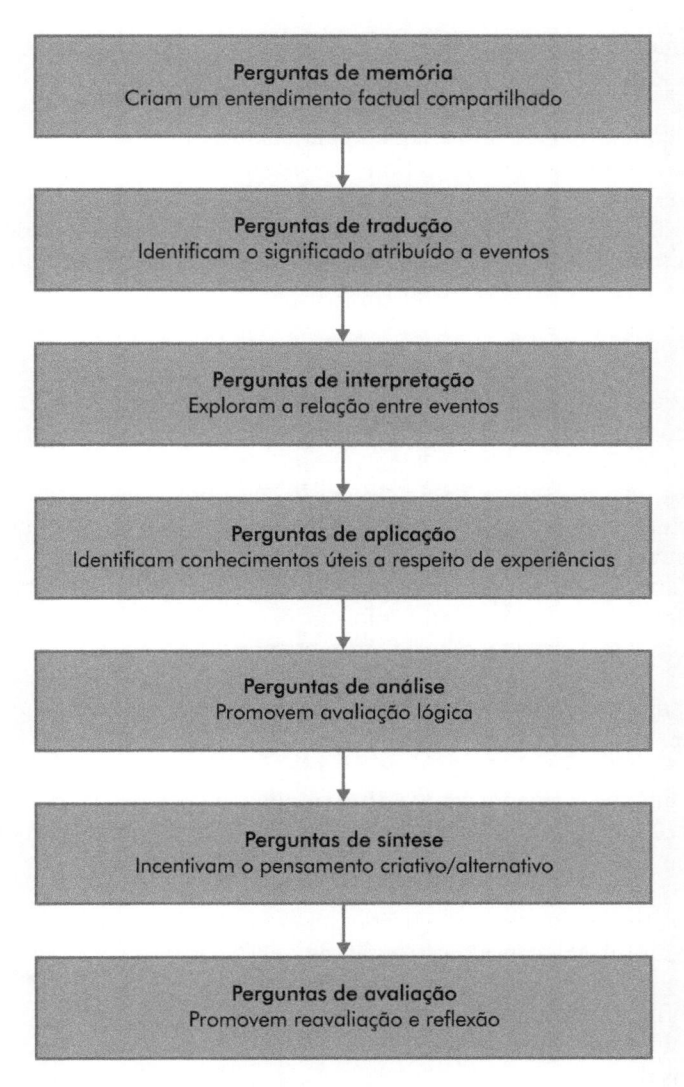

Figura 4.2 Os formatos das sete perguntas do diálogo socrático.

muito diferente de o terapeuta apresentar suas idéias sobre possíveis conexões. Ele resume dois ou mais eventos e pede à criança que considere se existem semelhanças ou conexões entre eles.

- O sentimento que você tem quando entra na escola é o mesmo que tem quando encontra seus amigos em outros lugares?
- Você percebe alguma ligação entre esses pensamentos negativos e como você se sente?
- Há momentos em que você nota mais esses pensamentos negativos?

Perguntas de aplicação

O quarto tipo são as perguntas de aplicação, destinadas a explorar conhecimentos ou habilidades anteriores da criança. Essas perguntas são usadas para identificar informações relevantes ou importantes que podem ter sido ignoradas ou esquecidas.

- O que você fazia no passado quando se sentia assim?
- Você me disse que, na última vez em que isto aconteceu, não foi tão ruim. Houve alguma coisa que você fez de modo diferente que possa ter ajudado?
- Você não parece ter esses pensamentos preocupantes na escola. Há alguma coisa diferente na escola que o ajuda a ignorar esses pensamentos?

■ **Perguntas de análise**

O próximo tipo de pergunta visa a ajudar a criança a pensar de modo sistemático e lógico sobre seus problemas, pensamentos e estratégias de enfrentamento. Este é um processo de análise racional ou raciocínio indutivo. As perguntas de análise têm por objetivo estimular conclusões lógicas, promovendo objetividade, e o uso do raciocínio indutivo para avaliar e contestar criticamente crenças, suposições e inferências.

Conforme mencionado previamente, o raciocínio indutivo ajuda a criança a considerar e prestar atenção a informações novas ou ignoradas, ou a testar sistematicamente a suposta relação entre eventos.

- Quando você pensa deste jeito, quais são as evidências que apóiam os seus pensamentos?
- Existe alguma evidência que você ignorou?
- O que o seu melhor amigo diria se ouvisse você pensando desta maneira?
- Você me disse que isto acontece sempre, mas será que há momentos em que não acontece?

Da mesma forma, um questionamento gentil pode ajudar a criança a testar a suposta relação causal entre eventos.

- Há momentos em que isso não acontece?
- Houve momentos em que isso aconteceu, mas foi devido a alguma outra coisa?

■ **Perguntas de síntese**

As perguntas de síntese levam a discussão para um nível mais elevado e encorajam a criança a pensar "fora da caixa", a fim de identificar explicações e soluções novas ou alternativas. Overholser (1993a) alerta que o terapeuta precisa manter uma mente aberta durante esse processo e não ter idéias preconcebidas sobre o que quer que a criança "descubra".

- Vamos fazer uma lista de todas as maneiras diferentes pelas quais nós poderíamos lidar com isso, mesmo que possa parecer um pouco estranho ou bobo.
- O que você acha que o seu melhor amigo faria?
- Existem outras maneiras pelas quais nós poderíamos explicar o que aconteceu?

■ Perguntas de avaliação

A conclusão do processo socrático se dá pelo uso de perguntas de avaliação. Os pensamentos, crenças e suposições iniciais são agora reavaliados e modificados à luz da discussão.

- Então, como você entende isso agora?
- Você ainda se vê como um fracasso?
- Existe outra maneira de pensar sobre isso?

O foco principal das perguntas, conseqüentemente, dependerá do estágio do diálogo socrático. Por exemplo, no processo de cinco estágios identificado por Padesky, as perguntas de memória e tradução serão empregadas mais freqüentemente durante o Estágio 1, quando o terapeuta está estabelecendo informações e significado. Durante o Estágio 2, as perguntas de interpretação e aplicação serão usadas para ajudar a criança a se concentrar em informações ignoradas e a explorar a conexão entre eventos. O Estágio 3 é o do raciocínio indutivo e utiliza principalmente as perguntas de análise. O estágio final focaliza especialmente as perguntas de síntese e avaliação, conforme a criança considera as novas informações e reavalia seus pensamentos.

O processo e questionamento socrático focalizam:	
Identificação de pensamentos e sentimentos	– Perguntas de memória e tradução
Exploração de significados e relações	– Perguntas de interpretação e aplicação
Análise racional e raciocínio dedutivo	– Perguntas de análise
Reapreciação e reavaliação	– Perguntas de síntese e avaliação

▶ O processo socrático e o empirismo colaborativo

O empirismo colaborativo, a base da TCC, é desenvolvido e nutrido pelo processo socrático. Durante esse processo, o terapeuta incentiva a criança a suspender suas idéias preconcebidas e a manter uma mente aberta, conforme ela testa e avalia a exatidão de suas crenças e suposições. As cognições da criança, portanto, são vistas como hipóteses que estão abertas à validação empírica, e não como fatos estabelecidos. Por meio do processo socrático, a criança é encorajada a explorar seu conhecimento anterior e capacitada a descobrir novas informações que podem ajudá-la a reavaliar e reapreciar suas cognições. Em essência, a criança é ajudada a se tornar seu próprio terapeuta e a aprender um processo que poderá ser aplicado a futuros problemas para promover maneiras de pensar e se comportar mais adaptativas e funcionais. O terapeuta facilita esse processo ajudando a criança a descobrir uma estrutura que lhe permita questionar e reavaliar seus pensamentos, em vez de lhe apresentar uma série preparada de idéias alternativas ou preconcebidas. Perguntas cuidadosamente enunciadas guiam a criança por meio da estrutura e mantêm a discussão focada e progredindo até a criança avaliar e reapreciar seus pensamentos e chegar às próprias conclusões.

> - O processo socrático baseia-se em uma investigação cooperativa entre a criança e o terapeuta.
> - O processo tem por objetivo facilitar a autodescoberta da criança.

Para que o processo socrático seja genuinamente colaborativo, a abordagem do terapeuta deve ser aberta e sem julgamentos. O terapeuta e a criança precisam cooperar em uma investigação honesta e, portanto, cada parceiro precisa estar ciente de suas próprias suposições e idéias preconcebidas. Não se supõe, automaticamente, que os pensamentos da criança são disfuncionais. Ao contrário, o terapeuta emprega positivamente o processo socrático como uma maneira de compreender a forma de pensar da criança. Só então ele vai adotar uma abordagem gentil e curiosa, em que perguntas e sugestões são usadas para ajudar a criança a reavaliar e testar seus pensamentos. Mais uma vez, a filosofia da autodescoberta é importante e o terapeuta precisa evitar perguntas que critiquem ou desafiem diretamente os pensamentos da criança (por exemplo, "Eu acho que você entendeu mal isso"; "Não, isso não é assim"), bem como a imposição de idéias pessoais preconcebidas (por exemplo, "Eu acho que pode ser deste outro jeito").

> Adote uma abordagem aberta, curiosa e sem julgamentos, para poder compreender a maneira de pensar da criança e facilitar o desenvolvimento de limites apropriados.

▶ Como é um bom questionamento socrático?

■ Claro e específico

Avaliar e reapreciar pensamentos pode ser um processo abstrato, especialmente para crianças mais jovens, de modo que é importante fazer perguntas socráticas tão claras e específicas quanto possível. Os estágios iniciais do diálogo socrático têm por objetivo estabelecer fatos, de modo que perguntas simples, específicas e concretas são muito úteis. Perguntas que costumam ser úteis:

- Perguntas "o que" – o que você fez?; o que ele disse?
- Perguntas "como" – como você se sentiu?; como ele fez isso?
- Perguntas "onde" – onde você foi?; onde isso acontece mais?
- Perguntas "quando" – quando isso acontece?

■ Possível de ser respondido

O processo socrático tem por objetivo capacitar a criança, ao revelar que ela já possui conhecimentos úteis ou tem capacidade de descobrir informações úteis. Portanto, é essencial que o terapeuta garanta que suas perguntas são respondíveis e não faça perguntas que possam parecer impossíveis para a criança. Em especial, perguntas "por quê", que requerem que a criança faça alguma interpretação ou julgamento em vez de relatar detalhes factuais, são importantes, mas devem ser cuidadosamente monitoradas. Da mesma forma, perguntas complexas e com múltiplos componentes devem ser evitadas, e perguntas abstratas e hipotéticas devem ser empregadas com cuidado.

■ Emprega a linguagem da criança

As perguntas precisam ser enunciadas na linguagem da criança e ser consistentes com seu nível desenvolvimental. O terapeuta precisa escutar cuidadosamente o que a criança diz e as palavras e metáforas que utiliza, para incorporá-las ao diálogo socrático. Isso valida o uso da linguagem da criança e constrói um diálogo baseado em suas palavras e em seus significados.

■ Presta atenção a informações ignoradas

Inevitavelmente, os pensamentos desadaptativos ou disfuncionais da criança surgirão de certos vieses ou distorções do seu processamento cognitivo. Por exemplo, a criança pode estar prestando atenção, seletivamente, às informações que apóiam seus pensamentos e estar ignorando o que poderia lhe dar uma perspectiva diferente. O questionamento socrático traz à atenção da criança informações relevantes que estão sendo ignoradas no momento. Ao ajudar a criança a dirigir a sua atenção a essas novas informações, o terapeuta está lhe proporcionando novas oportunidades de questionar e reavaliar suas crenças.

■ Mantém o foco

Em muitos casos, a criança terá muitas informações que podem ser utilizadas para reavaliar e contestar seus pensamentos. Ela pode não saber disso e não ter feito as ligações relevantes que lhe permitirão juntar tudo isso de maneira coerente e útil. O questionamento socrático ajuda a criança a permanecer focada em informações relevantes que lhe permitirão fazer as ligações e conexões necessárias para avaliar sistematicamente os seus pensamentos. Há um grande risco de o diálogo divagar entre assuntos ou ser desviado por informações interessantes, mas não relevantes.

> O bom questionamento socrático deve:
> - ser claro e específico
> - possível de ser respondido
> - usar a linguagem da criança
> - permanecer focado
> - ajudar a criança a prestar atenção a informações relevantes que têm sido ignoradas

▶ Como ele funciona?

Mike é um menino de 12 anos com muitos comportamentos e pensamentos obsessivos. Sua atual preocupação é a segurança da gata da família, o que resultou em sua insistência para que a gata ficasse trancada em casa à noite. Essa preocupação baseava-se na sua suposição de que **se** a gata saísse à noite **então** seria atropelada por um carro. Isso foi discutido durante o nosso encontro seguinte, e Mike foi ajudado a descobrir, avaliar e contestar essa suposição.

TERAPEUTA: Mike, sua mãe me disse que você está muito preocupado com a sua gata.
MIKE: Sim, eu estou. Eu não gosto que ela saia.
TERAPEUTA: **Quando** você se preocupa mais com o fato de ela sair?
MIKE: À noite, quando está escuro.
TERAPEUTA: OK, então **o que** você pensa que vai acontecer se ela sair à noite?
MIKE: Vai acontecer um acidente com ela.
TERAPEUTA: **Que** tipo de acidente você acha que poderia acontecer a ela?
MIKE: Eu não sei. Ser atropelada por um carro e morta, eu imagino.
TERAPEUTA: Eu lembro que você me falou sobre como as coisas sempre parecem dar errado e que você espera que coisas ruins aconteçam a você e à sua família.
MIKE: Sim, é isso aí.
TERAPEUTA: E agora você está com medo de que aconteça alguma coisa ruim com a sua gata. **Como** você lida com essa preocupação? **O que** você faz à noite quando a sua gata quer sair?
MIKE: Eu saio atrás dela até encontrá-la e a tranco em casa.
TERAPEUTA: **A que horas** você geralmente a tranca?
MIKE: Geralmente, quando eu chego da escola.
TERAPEUTA: Ela se incomoda com o fato de ficar trancada?
MIKE: Sim, ela odeia ficar trancada. Ela me arranha e tenta sair de novo.
TERAPEUTA: E **como** você se sente quando ela está trancada?
MIKE: Aliviado, eu acho. Sei que ela está segura.
TERAPEUTA: Então deixa eu ver se entendi bem. Você tem medo de deixar sua gata sair à noite, achando que ela será atropelada por um carro. Parece-lhe que coisas ruins acontecem freqüentemente à sua família. Assim, para garantir que isso não aconteça, você a mantém trancada em casa, onde sabe que ela estará em segurança. Ela não gosta disso e quer sair, mas trancá-la em casa faz com que você se sinta melhor.
MIKE: Sim, é isso.
TERAPEUTA: **O que** acontece durante o dia?
MIKE: O que você quer dizer?
TERAPEUTA: Bem, eu gostaria de saber se você precisa trancá-la em casa durante o dia.
MIKE: Não. Ela sai.
TERAPEUTA: **Como** você se sente com o fato de ela ficar fora de casa durante o dia?
MIKE: Isso não me preocupa.
TERAPEUTA: A sua rua é menos movimentada durante o dia?
MIKE: Não, ela é bem movimentada.
TERAPEUTA: **Quando** ela é mais movimentada, durante o dia ou durante a noite?
MIKE: Durante o dia, eu acho. Montes de gente indo e voltando de carro da escola, e tem um grande prédio de escritórios no começo da nossa rua.
TERAPEUTA: Mas você não se preocupa tanto com o fato de sua gata sair de dia, apesar de a rua ser mais movimentada?
MIKE: Não, eu não me preocupo tanto durante o dia.
TERAPEUTA: **Quando** seria mais provável ela ser atropelada por um carro?
MIKE: Eu não sei. Acho que eu nunca pensei sobre isso de verdade.
TERAPEUTA: É, eu sei, às vezes uma idéia simplesmente surge na cabeça da gente. Mas agora que estamos pensando sobre isso, quando seria mais provável ela ser atropelada por um carro?

MIKE: Imagino que seria de dia, quando há mais carros na rua.
TERAPEUTA: Acho que estou um pouco confuso, Mike. Parece que seria mais provável a sua gata ser atropelada durante o dia e, no entanto, você a mantém trancada à noite. Há alguma outra coisa sobre a qual nós precisamos pensar, ou você pode me ajudar a compreender isso?
MIKE: Bem, não há nenhuma outra coisa me preocupando, mas isso tudo realmente não faz sentido. Eu ainda não tinha pensado sobre a rua ser mais movimentada durante o dia.
TERAPEUTA: Agora que nós sabemos, isso o ajuda a pensar sobre essas coisas de uma maneira diferente?
MIKE: Isso me diz que, se ela está segura durante o dia, então eu suponho que também estaria segura à noite.

Esse exemplo esclarece como o processo socrático ajudou Mike a avaliar e reapreciar a suposição que o levou a trancar sua gata em casa à noite. Essa suposição baseava-se na premissa de que a noite era mais perigosa e que a sua gata corria maior risco de ser atropelada por um carro. O processo de questionamento empregou perguntas o que, quando e como, claras e específicas, às quais Mike foi perfeitamente capaz de responder. As perguntas tinham um foco: ajudar Mike a descobrir e contestar seu pensamento, auxiliando-o a prestar atenção a novas informações que demonstravam que era mais provável a gata ser atropelada por um carro durante o dia, e não à noite. Por sua vez, isso o ajudou a reavaliar seu comportamento e sua necessidade de trancar a gata em casa à noite.

Em termos do processo, a entrevista progrediu por causa do primeiro estágio, o de identificar as suposições de Mike e os sentimentos e comportamentos a elas associados. Pelo emprego da escuta empática e do resumo, o terapeuta verificou o entendimento de Mike dos eventos e o ajudou a considerar novas informações, que ele ignorara. Finalmente, ele foi ajudado a sintetizar essas novas informações e a reavaliar suas cognições.

▶ Problemas comuns

■ O processo socrático se transforma em uma desagradável seqüência inquisitória de perguntas e respostas

O diálogo socrático se constrói em torno das perguntas iniciadas pelo terapeuta. Se não for realizado com sensibilidade, pode parecer uma sessão de perguntas e respostas, com o terapeuta agindo como inquisidor, disparando pergunta após pergunta para a criança responder. Com crianças, essa forma de questionamento pode estar associada a situações passadas em que elas fizeram alguma coisa errada ou precisaram se justificar. A conseqüência inevitável de tal processo será alienar a criança e torná-la cada vez mais defensiva e passiva. Os adolescentes, por exemplo, podem ficar irritados e se recusar a falar, perder o interesse, ficar aborrecidos e deixar de participar do diálogo. As crianças mais jovens podem ficar preocupadas, com medo de não estar dando ao terapeuta a resposta "certa".

O terapeuta precisa evitar, a todo o custo, essa situação potencialmente desagradável. Uma abordagem gentil e curiosa pode reduzir a possibilidade de uma inquisição. O resumo é uma ótima maneira de interromper as perguntas e pode ser uma atividade divertida, com a criança e o terapeuta desenhando ou escrevendo o que ficaram sabendo em um quadro-negro ou folha de papel. Igualmente, o diálogo socrático pode ser realizado em mais de uma sessão. Se o processo começar a ficar desconfortável, então pare e o interrompa.

Se esse problema continuar, ele precisa ser mencionado e discutido diretamente com a criança. O terapeuta deve enfatizar que ele precisa fazer perguntas, a fim de compreender como a criança vê os acontecimentos e as experiências. Ele deve afirmar, explicitamente, que não existem respostas certas ou erradas, que há muitas maneiras diferentes de ver e compreender os acontecimentos e que todas são importantes. As reações emocionais da criança devem ser reconhecidas e levar a uma discussão sobre como ela e o terapeuta podem trabalhar juntos, de maneira confortável e divertida, para chegar a um entendimento compartilhado. Finalmente, se você perceber que o processo socrático está tendo como resultado a criança parecer zangada, aborrecida ou preocupada, então examine como a terapia está evoluindo. Veja se ela está sendo colaborativa, divertida e relaxada, e se está se desenrolando numa velocidade apropriada. O ritmo é uma consideração importante para prevenir o ciclo potencialmente desagradável da "artilharia" de perguntas e respostas.

- Esclareça que você quer escutar as opiniões e idéias da criança.
- Adote uma postura gentil e curiosa.
- Intercale as perguntas com resumos e faça uma pausa se o diálogo estiver parecendo uma inquisição.
- Utilize métodos não-verbais.

■ A criança parece não ser capaz de entender ou responder às perguntas

O questionamento socrático tem por objetivo ajudar a criança a descobrir e explorar seus pensamentos, sentimentos e comportamentos. Mas haverá momentos, durante as entrevistas, em que a criança parecerá incapaz de descobrir ou acessar as informações necessárias para responder às perguntas. Se isso se tornar um problema repetido, convém refletir sobre o seu questionamento e se você está fazendo à criança perguntas às quais ela pode responder, se ela tem as informações ou conhecimentos necessários. Isso é especialmente importante com crianças mais jovens, que podem achar difíceis as perguntas mais complexas, abstratas ou abertas. Nesses momentos, talvez seja melhor experimentar perguntas mais concretas e estreitamente definidas. Isso pode ajudar a criança a se situar e colocará sua pergunta em um contexto com o qual ela conseguirá se relacionar. Assim, em vez de fazer uma pergunta muito geral, do tipo "Como você gostaria que as coisas fossem diferentes?", você pode fazer uma série de perguntas mais definidas, tal como "O que você gostaria de começar a fazer?", "Você gostaria de participar de novos clubes?", "O que mudaria na escola?", "De que maneira a sua mãe estaria diferente?" Se a criança ainda tiver dificuldade para responder, seja ainda mais específico, "Você gostaria de ter mais amigos, encontrar seus amigos com maior freqüência ou brincar mais na rua ou na casa deles?" Isso apresenta à criança opções claras, ao mesmo tempo em que salienta que pode haver mais de uma resposta. Também lhe dá a oportunidade de dizer "Não, não é isso o que eu quero". Alternativamente, o terapeuta pode envolver mais ativamente um dos pais ou outro membro da família e pedir que sugiram algumas idéias. Entretanto, isso deve ser cuidadosamente monitorado para garantir que a criança realmente expresse suas idéias, em vez de simplesmente concordar com as opções que estão sendo fornecidas.

> Faça perguntas simples, claras e definidas.

■ A criança não consegue identificar nenhuma informação nova

O processo socrático ajuda a criança a prestar atenção a informações relevantes que ela pode ter ignorado. Em muitas situações, ela já possui essas informações, mas haverá ocasiões em que precisará buscá-las ativamente. Isso pode ser feito simplesmente perguntando-se à outra pessoa (a mãe, o pai, amigos) ou por meio de um experimento comportamental. Os experimentos são maneiras poderosas e divertidas de buscar objetivamente novas informações. A criança é incentivada a agir como um cientista, "Soldado I" (Friedberg e McClure, 2002), "Detetive social" (Spence, 1995) ou "Rastreador de pensamentos" (Stallard, 2002a), que sai a campo para descobrir informações e testar suas cognições.

Há muitas maneiras de usar experimentos comportamentais, mas antes de começar algum é importante garantir que todas as partes envolvidas estão cientes do experimento e o apóiam. Sem esse apoio, o experimentador pode, inadvertidamente, ser boicotado. Havendo apoio, o processo envolve algumas etapas simples:

- Especifique a cognição negativa que será testada.
- Avalie (pode ser uma nota numérica) a intensidade da crença na cognição.
- Planeje um experimento que possa ser usado para testar essa cognição.
- Combine quando o experimento será realizado.
- Descreva o que a criança prediz que vai acontecer.
- Execute o experimento e especifique o que realmente aconteceu.
- Avalie a intensidade da crença na cognição após concluir o experimento.

> - Incentive a criança a descobrir novas informações empregando experimentos comportamentais.
> - Envolva os cuidadores nas sessões de tratamento, de modo que eles possam trazer uma perspectiva diferente.

■ A criança não é capaz de fazer uma síntese das novas informações com as antigas para reavaliar seus pensamentos

Algumas crianças podem se engajar ativamente no processo socrático, mas ele se torna um exercício racional que não as leva à etapa final de reflexão e reavaliação das próprias cognições. Informações novas e desafiadoras são identificadas, mas isso é visto como algo separado, desconectado, e não é sintetizado na construção cognitiva que a criança faz de seu mundo.

Nessas ocasiões, o terapeuta precisa ser paciente. O processo socrático continua, a criança é ajudada a descobrir outras informações novas, e sua atenção é trazida novamente para aquelas que foram ignoradas. Revisões e resumos, em que o terapeuta e a criança escrevem ou desenham o que o processo socrático os ajudou a descobrir, são muito úteis. Esses resumos não-verbais podem ser acrescentados em cada sessão e constituem uma maneira eficiente e objetiva de destacar informações importantes. Os resumos e revisões devem ser seguidos por uma discussão em que a criança é incentivada a refletir sobre essas informações. Pedir regularmente à criança que reconsidere suas cognições à luz desses novos conhecimentos proporciona oportunidades para integrar as antigas e as novas informações e para reavaliar cognições.

- Mantenha a criança focada em informações que ela tem ignorado e continue ajudando-a a descobrir novas informações.
- Escrever resumos é uma maneira visual poderosa de lembrar informações adquiridas recentemente.
- Proporcione oportunidades regulares de reflexão.

BONS PENSAMENTOS – BONS SENTIMENTOS

A cadeia de eventos

Às vezes, nós pensamos que, se não fizermos uma determinada coisa, algo de ruim vai acontecer. Como nós pensamos isso, acreditamos que é verdade sem verificar se é possível.

Comece no final, na parte de baixo, e escreva a coisa ruim que você acha que vai acontecer. Volte ao início, ao topo da cadeia, e escreva todos os vínculos que teriam de existir antes que isso pudesse acontecer.

O PROCESSO SOCRÁTICO E O RACIOCÍNIO INDUTIVO

◀ CAPÍTULO CINCO ▶

Envolvendo os pais na TCC focada na criança

▶ A importância de envolver os pais

O modelo teórico que orienta a TCC precisa considerar e incorporar tanto o ambiente interno quanto o ambiente externo que cercam a criança (Krain e Kendall, 1999). Em termos do ambiente externo, existem muitas influências potencialmente importantes, incluindo a escola, os iguais, a família e os contextos social e cultural da criança. Muitas intervenções são específicas para um contexto e, embora possam reconhecer essas importantes influências, elas necessariamente não as envolvem ou tratam. Um exemplo notável de uma intervenção de múltiplos componentes, baseada em evidências, é a terapia multissistêmica (TMS). A TMS considera o papel da família, da escola e do grupo de iguais sobre o desenvolvimento e a manutenção do comportamento anti-social do adolescente. Apesar de não ser essencialmente uma TCC, ela utiliza intervenções que incluem terapia comportamental, familiar e cognitiva (por exemplo, treinamento da auto-instrução) para tratar os fatores que contribuem para as dificuldades da criança. Os resultados são animadores, e atualmente são relatados resultados de longo prazo com delinqüentes gravemente anti-sociais (Henggeler et al., 2002).

A importância relativa de cada influência ambiental varia, dependendo da idade da criança. Fatores envolvendo os iguais e fatores sociais são mais importantes durante a adolescência, enquanto os fatores familiares desempenham um papel mais significativo no caso de crianças mais jovens. Entretanto, uma das influências mais importantes, que requer especial atenção na TCC focada na criança, é a dos pais. Na verdade, Kendall e Panichelli-Mindel (1995) observam a importância da psicopatologia parental, dos estilos parentais e do manejo parental no desenvolvimento e manutenção de muitos transtornos infantis. A TCC focada na criança, portanto, precisa considerar o contexto sistêmico mais amplo e, em particular, o papel potencial dos pais e cuidadores na instalação, manutenção e tratamento dos problemas de seus filhos.

Durante a avaliação, o terapeuta precisa compreender as crenças familiares importantes, a estrutura sistêmica e o contexto em que os problemas se apresentam, e os comportamentos parentais que podem estimular e reforçar as dificuldades da criança. Isso envolverá a identificação de habilidades deficientes no comportamento dos pais em relação à criança ou na resolução de conflitos; expectativas parentais e crenças distorcidas em relação à criança; ou cognições disfuncionais dos pais em relação ao comportamento da criança ou à sua capacidade de efetuar mudanças positivas. Por sua vez, isso informará tanto o foco (por exemplo, trabalhar diretamente com a criança e/ou os pais) quanto o conteúdo da intervenção (por exemplo, tratar das cognições da criança, das habilidades de manejo parental ou de cognições e crenças importantes dos pais).

Apesar do amplo reconhecimento entre os terapeutas da necessidade de envolver os pais na TCC focada na criança, o papel exato dos pais tem recebido comparativamente pouca atenção (Barrett, 2000). Isso, em parte, pode ser devido à tendência inicial dos terapeutas de "baixar do computador" e aplicar modelos intrapsíquicos desenvolvidos para uso com adultos, uma tendência que resultou em as crianças serem tratadas como pequenos adultos e o importante contexto familiar ser ignorado.

> O terapeuta precisa considerar o contexto sistêmico em que a criança funciona e envolver na intervenção as influências importantes.

■ Transtornos externalizantes

Treinamento parental

Há sólido apoio empírico indicando que os problemas que se externalizam, como o transtorno de conduta e o transtorno desafiador de oposição, respondem positivamente a intervenções que visam a modificar diretamente o comportamento parental (Brestan e Eyberg, 1998; Kazdin, 1997; Kazdin e Weisz, 1998). Essas intervenções focalizam comportamentos parentais importantes que estão associados ao desenvolvimento e à manutenção dos comportamentos problemáticos da criança. Novas habilidades são ensinadas para substituir habilidades parentais deficientes e as práticas parentais inadequadas são modificadas por meio de programas de treinamento para os pais (Forehand e MacMahon, 1981; Patterson, 1982; Webster-Stratton, 1992). Essas intervenções prestam pouca atenção às cognições parentais, embora certamente ocorram mudanças cognitivas pela experiência e uso de novas habilidades. Nessas intervenções:

- Os pais, e não a criança, são o principal foco da intervenção.
- O comportamento da criança muda em resultado da modificação nas práticas parentais.
- O principal foco são as técnicas comportamentais, com os pais sendo incentivados a
    - identificar os antecedentes que eliciam comportamentos inadequados e as conseqüências que os mantêm;
    - identificar e recompensar comportamentos pró-sociais;
    - reduzir comportamentos inadequados pelo uso de métodos como *timeout* (na terapia comportamental, o enfraquecimento de padrões indesejados de comportamento pela remoção da criança para um local não-reforçador) ou na remoção de estímulos do ambiente da criança para enfraquecer respostas precedentes;
    - melhorar o monitoramento das atividades da criança.

Esses programas tendem a ser principalmente comportamentais e, embora o treinamento parental realmente produza resultados positivos, essas abordagens também apresentam algumas limitações. Algumas famílias que começaram programas de habilidades parentais abandonaram o tratamento antes do seu final (Prinz e Miller, 1994). Análises dos dados costumam ser apresentadas apenas nos casos que concluem o tratamento, e não para todos os que participaram dos experimentos. Muitos dos estudos de resultados foram realizados com voluntários que, comprovadamente, apresentavam problemas menos graves (Scott et al., 2001). Portanto, não surpreende que os resultados em ambientes clínicos costumem ser piores. Isso pode ser devido a diversos fatores, incluindo casos que são mais graves, casos que existem em um contexto social e familiar complexo, casos com maior índice de co-morbidade, e casos que recebem menos intervenções com apoio empírico devido à sobrecarga de trabalho da equipe terapêutica. Também há a importante questão da significância clínica. Embora medidas significativas de redução de sintomas sejam relatadas em muitos estudos, cerca de 40% das crianças continuam apresentando problemas clinicamente significativos no seguimento (Kazdin, 1997). Esses fatores salientam que, embora os programas comportamentais para os pais possam ter resultados promissores, há um número significativo de crianças e pais que não são ajudados.

Treinamento parental com ênfase cognitiva

O maior reconhecimento dessas limitações levou ao desenvolvimento de programas mais sofisticados, em que é dada maior atenção a cognições parentais importantes que podem impedir ou interferir na obtenção de mudanças positivas. Conforme destacado por Johnston (1996), as atribuições parentais sobre as causas dos comportamentos dos filhos ou sua capacidade de produzir mudanças positivas são cognições importantes que precisam ser avaliadas e tratadas.

As cognições parentais também podem afetar a motivação da família para buscar ajuda, seu compromisso com a intervenção ou sua avaliação da mudança (Durlak et al., 2001). Em termos de busca de ajuda, os autores observam que a maioria das crianças com problemas significativos de ajustamento jamais é levada a tratamento pelos pais. Um fator significativo que determina a busca ou não de ajuda é a percepção que os pais têm dos comportamentos da criança, e não sua real gravidade. Afirmações como "É assim que ele sempre foi e é assim que ele sempre será" ou "Ninguém pode mudar isso" são claras indicações de cognições de desesperança que limitam o desejo dos pais de buscar qualquer forma de ajuda ou se empenhar nela. Em termos da intervenção, afirmações como "Você pode tentar, se quiser" ou "Será difícil vir a essas sessões" sinalizam que os pais estão inseguros ou ainda não comprometidos com a possibilidade de essa intervenção resultar em mudanças. Essa ambivalência precisa ser reconhecida, tratada diretamente e resolvida para que os pais possam verdadeiramente engajar-se na TCC.

Alternativamente, os problemas psicológicos dos pais podem comprometer a intervenção. Uma mãe ansiosa, por exemplo, pode ter dificuldade em incentivar o filho a realizar tarefas comportamentais, ou uma mãe deprimida pode ter dificuldade em reconhecer e elogiar o sucesso da criança. A capacidade de alguns pais de encorajar ou reforçar os novos comportamentos e as estratégias adaptativas de enfrentamento dos filhos pode, portanto, ser limitada (Shirk, 2001). Igualmente, os pais podem ter dificuldade para enxergar ou reconhecer mudanças nos filhos, especialmente se eles próprios tiverem problemas de saúde mental. Isso pode ser verbalizado por afirmações de desesperança como "Eu não consigo ver nenhuma diferença" ou "Ele ainda se comporta mal quando nós vamos fazer compras", o que pode refletir o estilo cognitivo tendencioso e negativo dos pais, e não a realidade do comportamento da criança.

Outras vezes, os pais podem expressar cognições negativas e disfuncionais em relação à criança ("Ele me odeia"), ao seu comportamento ("Ela faz isso para me irritar") e ao futuro ("Eu não consigo fazer nada quando ele tem um ataque de raiva"). Essas cognições precisam ser tratadas diretamente, pois interferem adversamente no comportamento parental e contribuem para a manutenção da situação atual. Um foco direto nas cognições parentais foi incorporado a alguns programas recentes para os pais. Atribuições e crenças em relação ao papel parental são avaliadas e tratadas diretamente, como uma maneira de aumentar o engajamento e melhorar o treinamento parental (White et al., 2003).

> Maior atenção está sendo prestada à identificação e tratamento de cognições parentais importantes que podem impedir ou afetar adversamente os programas comportamentais para os pais.

■ Transtornos internalizantes

Há crescentes evidências do papel do comportamento e das cognições parentais no início e na manutenção de problemas infantis que são internalizados. Alguns pesquisadores documentaram a natureza do relacionamento entre os pais e a ansiedade da criança e o papel do comportamento parental na manutenção dessa ansiedade (Dadds e Barrett, 2001; Ginsburg et al., 1995). Por exemplo, Barrett e colaboradores (1996a) observam que os pais de crianças ansiosas tendem mais a apresentar comportamentos que comunicam um senso de constante ameaça e perigo para a criança. Outras pesquisas sugerem que os pais de crianças ansiosas tendem a ser mais controladores, protetores e críticos, e que isso resulta em a criança ter menos oportunidades de desenvolver boas habilidades de enfrentamento (Krohnc e Hock, 1991). Esses achados sugerem que os filhos de pais ansiosos tornam-se sensíveis aos traços ameaçadores do seu ambiente. Isso é estimulado pelo comportamento parental, que transmite à criança um senso de constante ameaça e perigo e limita suas oportunidades de desenvolver habilidades de manejo alternativas.

Da mesma forma, em termos do TOC, foram identificados importantes padrões familiares e comportamentos parentais. Crianças com TOC vêm de famílias com altos níveis de crítica e superenvolvimento (Hibbs et al., 1991). É menos provável que os pais recompensem comportamentos independentes nos filhos e eles empregam menos estratégias de resolução de problemas (Barrett et al., 2002). O sofrimento da criança, compreensivelmente, é perturbador para os pais. Eles podem tentar lidar com isso reassegurando a criança ou participando de seus rituais e hábitos, comportamentos que servem para reforçar o TOC da criança.

A significativa contribuição do comportamento e das cognições parentais para a instalação e manutenção de muitos transtornos infantis mostra que há fortes motivos para envolver os pais na TCC focada na criança. Na verdade, Spence e colaboradores (2000) observam que as intervenções que não tentam modificar o comportamento dos pais provavelmente não serão efetivas.

> ■ Os comportamentos e as cognições parentais estão associados ao desenvolvimento e manutenção de problemas na criança.
> ■ Maior atenção está sendo dada atualmente à identificação e ao tratamento de cognições parentais importantes que interferem negativamente ou limitam a TCC focada na criança.

▶ Benefícios clínicos do envolvimento parental

Foi sugerido que o envolvimento parental na TCC focada na criança resulta em vários benefícios.

- O importante papel e a influência dos pais no desenvolvimento de comportamentos e cognições funcionais e disfuncionais da criança é reconhecido, incluído na formulação e tratado como parte da intervenção.
- Os pais aprendem e são ajudados a apoiar os princípios do tratamento. Eles podem transmitir à criança mensagens consistentes sobre a importância e o valor das habilidades que ela está aprendendo.
- O uso de novas habilidades fora das sessões clínicas pode ser monitorado, estimulado e reforçado pelos pais.
- Importantes percepções, expectativas e crenças parentais sobre a criança podem ser contestadas e reavaliadas.
- São tratados os comportamentos parentais que podem estar mantendo o comportamento da criança (por exemplo, reasseguramento e limites inadequados).
- A continuação da melhora e a manutenção após o final da terapia são facilitadas pelo envolvimento parental.

A extensão do envolvimento parental varia, dependendo da natureza do problema e da idade da criança. Conforme mencionado previamente, as intervenções de TCC que tratam comportamentos externalizantes trabalhando o manejo parental têm como alvo principal os pais, e o envolvimento com a criança é limitado. As que tratam os transtornos internalizantes tendem a trabalhar mais diretamente com a criança. Em termos de idade, Bailey (2001) observa que o envolvimento parental é mais importante no caso de crianças mais jovens. Com adolescentes mais velhos, os pais podem ter um papel menos direto nas sessões de terapia, embora ainda precisem ter acesso aos recursos e informações psicoeducacionais que lhes permitirão apoiar a intervenção fora do ambiente clínico.

> O envolvimento dos pais na TCC focada na criança:
> - permite que importantes comportamentos parentais associados aos problemas da criança sejam tratados;
> - ajuda os pais a incentivar, reforçar e generalizar as novas habilidades da criança.

▶ Modelo de mudança

A forma de os pais participarem da TCC varia. Em muitos programas, o envolvimento parental envolve sessões de tratamento paralelas para os pais, geralmente sem a presença da criança (Clarke et al., 1999; Heyne et al., 2002; Lewinsohn et al., 1990). Em uma variação, o envolvimento parental no estudo de Spence e colaboradores (2000) consistiu em os pais observarem as sessões da criança através de um espelho de observação. Em alguns desses programas, os pais e as crianças trabalham os mesmos temas, mas nunca têm sessões terapêuticas juntos, na mesma sala. Em outros, especialmente nos que focalizam a ansiedade (Barrett, 1998; Barrett et al., 1996b; Cobham et al., 1998), são marcadas algumas sessões para pais e criança trabalharem juntos.

O modelo subjacente detalhando como o envolvimento parental facilita as mudanças no comportamento da criança ou sua aquisição de habilidades poucas vezes foi descrito explicitamente. Barrett (1998) descreve um modelo em que o terapeuta se reúne com os pais e a criança durante sessões conjuntas para formar uma "equipe de especialista". Isso envolve o compartilhamento aberto de informações e a exploração das forças existentes nos membros da família, com o objetivo de capacitar os pais e a criança a resolverem e a tratarem seus próprios problemas.

Silverman e colaboradores (1999b) descrevem o envolvimento parental como parte de um processo em que há transferência de conhecimentos e habilidades de especialista do terapeuta para os pais e depois para a criança. Esse modelo de "transferência do controle" informa o seqüenciamento das sessões de tratamento e aplicação das habilidades. Assim, em seu programa, embora pais e criança aprendam juntos as habilidades, os pais são incentivados a implementá-las primeiro. Depois que os pais dominarem as estratégias de redução de ansiedade, nós passamos a encorajar a criança a utilizar estratégias de autocontrole.

- O modelo de mudança raramente é definido.
- O modelo de transferência de controle supõe que é preciso, primeiro ou simultaneamente, ensinar aos pais as habilidades, para que eles possam ensiná-las à criança.

▶ O papel dos pais na TCC focada na criança

Os pais são freqüentemente envolvidos na TCC, ou como colaboradores no tratamento ou como parte da equipe terapêutica (Braswell, 1991). Embora seu envolvimento pareça ter substância clínica, teórica e pragmática, seu papel real e a extensão do seu envolvimento variam consideravelmente. Os pais têm sido envolvidos na TCC focada na criança em vários papéis, incluindo o de facilitadores, como co-terapeutas ou como clientes por si mesmos. O foco e a ênfase das intervenções variam, do trabalho direto com os problemas da criança a sessões separadas focadas nos pais. E o equilíbrio entre o trabalho com a criança, os pais e a família, e a maneira de conduzi-lo e seqüenciá-lo também variam.

■ Os pais como facilitadores

O papel mais limitado dos pais na TCC focada na criança é o de facilitador. Tipicamente, os pais participam de duas ou três sessões paralelas, em que aprendem as razões para a utilização da TCC e recebem informações sobre as técnicas e estratégias que seu filho aprenderá. A criança é o foco direto da intervenção e o programa de TCC é planejado para tratar seus problemas. Isso é exemplificado pelo programa *Coping cat* para crianças com transtornos de ansiedade (Kendall, 1994). O programa de dezesseis semanas, administrado individualmente, é realizado diretamente com a criança, e a participação parental consiste em duas ou três sessões separadas focadas na psicoeducação.

Um modelo semelhante foi descrito no *Adolescent coping with depression course* (Clarke et al., 2002), em que os jovens participam de um curso de 16 sessões, enquanto os pais participam de três encontros informativos. Esses encontros têm por objetivo informar os pais sobre os assuntos que serão discutidos, as habilidades ensinadas e as razões para seu uso. O papel dos pais no programa de March e colaboradores (1994) para crianças com TOC também se enquadra nesta categoria. O principal foco é o trabalho individual com a criança, e os pais participam de três encontros com ela.

> - O papel mais limitado dos pais é o de facilitadores.
> - O principal foco da intervenção é o trabalho direto com a criança.
> - Os pais participam de sessões educacionais para:
>   - aprender sobre o modelo de TCC e
>   - aprender sobre as habilidades que a criança estará adquirindo.

■ Os pais como co-terapeutas

Como co-terapeutas, os pais se envolvem mais extensivamente na intervenção. Eles participam do mesmo programa de intervenção da criança ou de um programa similar, em conjunto ou em paralelo. Os pais são incentivados a ser mais ativos e a agir como co-terapeutas fora das sessões de tratamento, monitorando, estimulando e reforçando o uso de habilidades cognitivas por parte da criança. Tanto Mendlowitz e colaboradores (1990) quanto Toren e colaboradores (2000) descrevem intervenções conjuntas destinadas a pais/criança para crianças com transtornos de ansiedade. Nesses programas, o comportamento e os problemas dos pais não são tratados diretamente, a criança continua sendo o foco da intervenção e o principal objetivo é os pais ajudarem a reduzir o sofrimento psicológico da criança.

> - O co-terapeuta participa de algumas das sessões do tratamento.
> - O co-terapeuta tem um papel ativo, de incentivar e supervisionar o uso de habilidades por parte da criança fora das sessões.
> - A criança continua sendo o alvo da intervenção.

■ Os pais como co-clientes

Um modelo alternativo envolve os próprios pais como sujeitos de uma intervenção direta em que eles, por exemplo, vão aprender novas habilidades como pais, manejar a ansiedade pessoal/familiar ou tratar de questões relacionadas ao abuso da criança (Cobham et al., 1998; Cohen e Mannarino, 1998). No modelo do co-cliente, a criança recebe TCC para tratar seus problemas, enquanto os pais/família adquirem novas habilidades para tratar de dificuldades familiares ou pessoais que contribuem para o início ou a manutenção das dificuldades da criança. Cohen e Mannarino (1996), por exemplo, descrevem um programa de doze sessões para crianças que foram sexualmente abusadas, em que a intervenção trata de questões da criança e dos pais relacionadas ao abuso. As sessões com a criança focalizam sentimentos de desamparo/impotência, atribuições de culpa, ansiedade e problemas comportamentais relacionados ao abuso. Sessões separadas para os pais focalizam atribuições parentais de culpa, história parental de abuso, sentimentos em relação ao perpetrador, a facilitação do apoio à criança e o manejo de comportamentos relacionados ao abuso. Igualmente, Cobham e colaboradores (1998) descrevem um programa em que crianças com transtornos de ansiedade recebem dez sessões, e os pais, quatro sessões separadas. As sessões com os pais exploram seu papel no desenvolvimento e na manutenção dos problemas da criança, o manejo da própria ansiedade e modelam estratégias adequadas de manejo da ansiedade para a criança.

> ■ A criança e os pais são alvo de intervenções específicas.
> ■ São tratados diretamente problemas parentais/familiares importantes que contribuem para as dificuldades da criança.

■ Os pais como clientes

O modelo final exemplificado nos programas de treinamento comportamental para os pais é aquele em que os próprios pais são o foco direto da intervenção. A criança, tipicamente, não participa das sessões de tratamento, que têm por objetivo ensinar aos pais habilidades positivas de manejo de comportamentos, solução de problemas e negociação.

O treinamento parental cognitivo focaliza diretamente a avaliação e modificação de cognições parentais importantes. O foco da intervenção não são os problemas psicológicos dos pais, mas suas atribuições e expectativas em relação à criança. Durlak e colaboradores (2001) sugerem que cognições parentais importantes podem ser atribuições negativas ou pessimistas relativas ao lócus do problema (por exemplo, é um problema unicamente da criança), às suas razões (por exemplo, ela me odeia) e à possibilidade de mudança (por exemplo, ele jamais será capaz de controlar seu temperamento explosivo). Cognições como essas são desmotivadoras e afetam adversamente o engajamento na terapia. Elas também tendem a aumentar a impotência e a desesperança dos pais, reduzindo assim a efetividade.

O valor potencial de focar as atribuições parentais em relação à criança é salientado no estudo de Bugental e colaboradores (2002). A simples intervenção cognitiva que eles descrevem é desafiar as atribuições parentais relacionadas a culpar a si mesmos ou à criança pelos comportamentos problemáticos, e a busca de uma causa externa e estratégias mais benignas. Os resultados demonstram que os índices de abuso físico entre as mães de maior risco foram significativamente mais baixos no grupo que recebeu essa intervenção cognitiva.

> ■ Os pais são o alvo da intervenção e a criança não participa das sessões de tratamento.
> ■ A intervenção tem como foco:
> – ensinar novas habilidades para tratar comportamentos parentais deficientes ou
> – desafiar cognições tendenciosas sobre a eficácia parental ou a natureza dos problemas da criança.

Envolvimento parental

■ **O envolvimento parental aumenta a efetividade?**

Esta breve visão geral destaca a necessidade de o terapeuta considerar e planejar cuidadosamente como envolver os pais na TCC focada na criança. Se os pais forem envolvidos, seu papel precisa ser definido, o foco das sessões com os pais precisa ser esclarecido, assim como o processo pelo qual eles facilitarão a mudança na criança. Por sua vez, isso informará se pais e criança serão atendidos conjuntamente ou separadamente, e como será o seqüenciamento das sessões. Entretanto, dadas as diferentes maneiras pelas quais os pais podem ser envolvidos na TCC, o terapeuta se depara com uma questão crucial: será que o envolvimento parental aumenta a efetividade e, se isso for verdade, qual modelo de envolvimento é ótimo para qual condição? Essa pergunta é de suprema importância para o terapeuta planejar e estruturar as intervenções e, no entanto, ela tem recebido surpreendentemente pouca atenção.

Uma revisão da literatura sobre ECRs (Estudos Controlados Randomizados) que compararam a TCC para problemas emocionais infantis – com e sem envolvimento parental – identifica 11 estudos. Todos apresentam avaliações pré e pós-tratamento que permitem a determinação da contribuição adicional do envolvimento parental. Os estudos são resumidos na Tabela 5.1.

Os estudos utilizaram variadas medidas para determinar resultados de tratamento. O *status* diagnóstico foi avaliado em nove estudos, embora somente um encontrasse uma diferença estatística em favor do envolvimento parental (Barrett et al., 1996b). Foram coletadas informações de um total de 35 medidas diferentes de auto-relato, mas só em um caso houve uma diferença significativa sugerindo que o envolvimento parental melhorava os resultados (Mendlowitz et al., 1999). Avaliações clínicas foram realizadas em seis estudos, com dois relatando que a TCC foi significativamente melhorada pelo envolvimento parental (Barrett, 1998; Barrett et al., 1996b). Em todos os 11 estudos os pais completaram avaliações, e cinco encontraram resultados superiores no caso do envolvimento parental, principalmente na subescala do *Child Behaviour Checklist* para transtornos internalizantes ou externalizantes (Barrett, 1998; Barrett et al., 1996b; Heyne et al., 2002; Lewinsohn et al., 1990; Mendlowitz et al., 1999).

Em conclusão, os resultados desses estudos não confirmaram, conforme esperado, que o envolvimento parental aumentou a efetividade da TCC focada na criança para transtornos emocionais. Na verdade, cinco deles fracassaram em demonstrar qualquer efeito positivo significativo do envolvimento parental sobre qualquer das medidas (Clarke et al., 1999; King et al., 2000; Nauta et al., 2001, 2003; Spence et al., 2000).

Embora os resultados dos estudos individuais sejam desapontadores, alguns pesquisadores observaram uma tendência em direção a melhores resultados com o envolvimento parental. Ao considerar os achados desses estudos, devemos observar que muitas das amostras eram pequenas e não tinham tamanho suficiente para detectar diferenças sutis, mas significativas. O fato é que, por enquanto, os dados das pesquisas não confirmam solidamente a opinião dos terapeutas, baseada na prática, de que o envolvimento parental melhora os resultados da TCC focada na criança e favorece o uso e a transferência de habilidades para as situações do cotidiano (King et al., 1998; Sanders et al., 1994; Toren et al., 2000).

TABELA 5.1 Estudos controlados randomizados de resultados comparando a TCC focada na criança com e sem envolvimento parental

Estudo	Tamanho, idade e principal diagnóstico	TCC só para a criança	TCC para a criança + pais
Barrett (1998)	N = 60 Idade 7 – 14 Transtorno de ansiedade	12 sessões semanais – 2 horas de terapia em grupo	12 sessões com a criança + 12 sessões de Controle da Ansiedade Familiar com a criança e os pais Terapia em grupo
Barrett et al. (1996b)	N = 79 Idade 7 – 14 Transtorno de ansiedade	12 sessões semanais 60/80 minutos de terapia individual	12 sessões com a criança + 12 sessões de Controle da Ansiedade Familiar com a criança e os pais Terapia individual
Clarke et al. (1999)	N = 123 Idade 14 – 18 Transtorno depressivo maior ou distimia	16 sessões de 2 h por 8 semanas de terapia em grupo	16 sessões com a criança + 8 sessões com os pais Terapia em grupo
Cobham et al. (1998)	N = 67 Idade 7 – 14 Transtorno de ansiedade	10 sessões de 1h30 por 14 semanas de terapia em grupo	10 sessões com a criança + 4 sessões com os pais sobre controle da ansiedade parental Terapia em grupo
Heyne et al. (2002)	N = 61 Idade 7 – 14 Recusa à escola + Transtorno de ansiedade	8 sessões de 50 minutos por 4 semanas de terapia individual	8 sessões com a criança + 8 sessões com os pais Terapia individual
King et al. (2000)	N = 36 Idade 5 – 17 TEPT ou reação grave ao estresse	20 sessões semanais de 50 minutos de terapia individual	20 sessões com a criança + 20 sessões com os pais Terapia individual
Lewinsohn et al. (1990)	N = 59 Idade 14 – 18 Transtorno depressivo	14 sessões de 2h por 7 semanas de terapia em grupo	14 sessões com a criança + 7 sessões com os pais Terapia em grupo
Mendlowitz et al. (1999)	N = 62 Idade 7 – 12 Transtorno de ansiedade	12 sessões semanais de 1h30 de terapia em grupo	12 sessões semanais de 1h30 Terapia em grupo
Nauta et al. (2001)	N = 18 Idade 8 – 15 Transtorno de ansiedade	12 sessões semanais de 45-60 minutos de terapia individual	7 sessões duas vezes por semana de 45-60 minutos Terapia individual
Nauta et al. (2003)	N = 79 Idade 7 – 18 Transtorno de ansiedade	12 sessões semanais de 45-60 minutos de terapia individual	7 sessões duas vezes por semana de 45-60 minutos Terapia individual
Spence et al. (2000)	N = 50 Idade 7 – 14 Fobia social	12 sessões semanais de 1h30 mais 2 sessões de apoio de terapia em grupo	12 sessões com a criança + 12 sessões com os pais Terapia em grupo

> - Os resultados nem sempre são consistentes e os ganhos às vezes são modestos.
> - No presente, as evidências de estudos individuais não confirmam da forma esperada a opinião clínica amplamente aceita de que o envolvimento parental intensifica e melhora a TCC focada na criança.

■ Os ganhos são mantidos com o passar do tempo?

As perguntas sobre se os ganhos pós-tratamento persistem, aumentam ou diminuem com o passar do tempo, foram examinadas em seis dos estudos detalhados na Tabela 5.1. Mais uma vez, os resultados dos estudos individuais demonstram que alguns dos benefícios obtidos no final do tratamento tornam-se menos significativos. As diferenças pós-tratamento relatadas por Heyne e colaboradores (2002) na freqüência escolar desapareceram, assim como as diferenças no estudo de Lewinsohn e colaboradores (1990). Os dados mais sólidos sugerindo a importância do papel dos pais na TCC focada na criança vieram do trabalho de Barrett e colaboradores (1996b). Entretanto, quando essas crianças foram acompanhadas durante seis anos após o tratamento, não houve diferenças entre os grupos em qualquer das medidas (Barrett et al., 2001). A TCC focada na criança parece ser efetiva com ou sem o envolvimento parental.

> Os benefícios terapêuticos adicionais, no longo prazo, de se envolver os pais na TCC focada na criança ainda não foram consistentemente demonstrados.

■ Qual é a duração das intervenções envolvendo os pais?

As intervenções foram tipicamente concluídas em um período de 14 semanas, sendo realizadas entre 8 e 40 sessões separadas de tratamento, com a duração total da TCC variando de menos de 7 horas (Heyne et al., 2002) a 28 horas (Lewinsohn et al., 1990). O número total de horas do programa terapêutico não parece ter relação com o resultado. O programa mais curto teve um total de 7 horas (Heyne et al., 2002) e o mais longo, 28 horas (Lewinsohn et al., 1990), e nenhum dos programas encontrou qualquer benefício substantivo do envolvimento parental. Em alguns estudos, a TCC com e sem envolvimento parental foi equiparada em termos de tempo clínico (Barrett et al., 1998; Barrett et al., 1996b; Cobham et al., 1998; Mendlowitz et al., 1999), enquanto outros incluíram sessões para os pais, além da TCC focada na criança (Nauta et al., 2001, 2003). Isso fez com que algumas intervenções exigissem mais de trinta horas clínicas (King et al., 2000; Lewinsohn et al., 1990).

> O componente parental de alguns programas pode aumentar significativamente o número de horas terapêuticas necessárias para a realização da intervenção.

■ De que maneira os pais devem ser envolvidos?

Os pais participaram da TCC de diferentes maneiras: eles foram envolvidos em todas (Mendlowitz et al., 1999) ou em parte das sessões de tratamento com a criança (Barrett, 1998), ou tiveram sessões separadas paralelas (Heyne et al., 2002; Nauta et al., 2001, 2003). Alguns estudos adotaram uma abordagem individual (Barrett et al., 1996b; Nauta et al., 2001, 2003), enquanto outros adotaram um formato de grupo (Barrett, 1998; Mendlowitz et al., 1999; Spence et al., 2000).

- Não existe uma maneira preferida de envolver os pais na TCC focada na criança.
- Foram realizadas sessões separadas ou conjuntas e adotados formatos grupais e individuais.

■ O tempo clínico adicional aumenta os ganhos potenciais?

Em vista dos elevados índices de melhora com a TCC envolvendo apenas a criança, precisamos considerar os benefícios comparativos de qualquer tempo clínico adicional necessário para a realização da intervenção combinada criança/pais.

Alguns estudos equipararam a duração da intervenção, de modo que o envolvimento parental não resultou em nenhum aumento do tempo clínico (Barrett, 1998; Cobham et al., 1998). Se o envolvimento parental não resulta em nenhum tempo terapêutico adicional, este parece ser o modelo de escolha. No entanto, o envolvimento parental em outras intervenções de TCC focada na criança resultou na duplicação do tempo clínico (Heyne et al., 2002; King et al., 2000). Nesse caso, envolver os pais na TCC resultaria em menos crianças serem tratadas dentro do tempo clínico disponível. O uso efetivo do tempo clínico limitado é uma crescente consideração para muitos serviços de saúde mental da criança e da família, que estão lutando para dar conta dos crescentes índices de encaminhamento. Se as intervenções de TCC envolvendo os pais resultam em tempo terapêutico adicional, é preciso considerar os benefícios relativos dessa "superprovisão" terapêutica.

- Um grande número de crianças apresenta um progresso considerável sem o envolvimento parental.
- O tempo terapêutico adicional resultante de envolver os pais precisa ser considerado em comparação com uma possível redução do número de crianças que seriam ajudadas.

■ O efeito do envolvimento parental depende do problema apresentado pela criança?

A maioria dos estudos que exploraram os efeitos adicionais de se envolver os pais na TCC focada na criança foi realizada com crianças que apresentavam transtornos de ansiedade e idades variando de 7 a 14 anos. Não podemos, portanto, tirar conclusões sobre a relação entre o envolvimento parental e o problema apresentado pela criança. Num nível puramente descritivo, os dois estudos da Tabela 5.1 que envolveram crianças com depressão não encontraram benefícios positivos do envolvimento parental (Clarke et al., 1999; Lewinsohn et al., 1990). Da mesma forma, o envolvimento parental na TCC para tratar fobia social (Spence et al., 2000), recusa de ir a escola (Heyne et al., 2002) e abuso sexual (King et al.,

2000) resultou em poucos ganhos adicionais. As evidências mais substanciais vieram de estudos que trataram crianças com transtornos de ansiedade generalizada (Barrett, 1998; Barrett et al., 1996b), embora os resultados não sejam consistentes (Nauta et al., 2001, 2003).

> Há poucas evidências para determinar se os benefícios do envolvimento parental na TCC focada na criança estão associados ao tipo de problema da criança.

■ Os resultados são afetados pela saúde mental dos pais?

Quando consideramos o papel específico dos pais e o foco da intervenção, é importante considerar as necessidades de saúde mental dos pais. Embora isso pareça auto-evidente, apenas um estudo explorou essa questão. Cobham e colaboradores (1998) examinaram se o envolvimento parental na TCC era afetado pela ansiedade parental. Nos casos em que a criança e os pais eram ansiosos, a TCC associada ao componente adicional do controle da ansiedade parental resultou em índices pós-tratamento significativamente mais baixos de ansiedade diagnosticada na criança. O componente parental não resultou em benefícios adicionais quando os pais não eram ansiosos.

Esta é claramente uma área importante, embora negligenciada, e mais trabalhos são necessários para avaliar o papel da saúde mental parental na efetividade da TCC focada na criança. Ademais, isso ajudará a esclarecer o foco e o conteúdo específicos do componente parental.

> ■ A saúde mental dos pais precisa ser avaliada.
> ■ O envolvimento parental na TCC focada na criança pode ser útil se os pais tiverem algum problema de saúde mental.

■ Os pais devem participar das sessões com a criança ou ter sessões separadas?

A maneira de envolver os pais na TCC focada na criança varia. É surpreendente observar que, em alguns estudos, os pais na verdade não participaram das sessões de tratamento da criança. Em vez disso, eles tiveram sessões concomitantes e, portanto, podem não ter ficado totalmente cientes das questões, habilidades ou problemas específicos que a criança estava tratando (King et al., 2000; Lewinsohn, 1990; Nauta et al., 2001, 2003). Esclarecer o propósito do envolvimento parental e aderir a um modelo explícito que defina como os pais contribuem para a aprendizagem da criança determinaria tanto o seqüenciamento quanto a maneira pela qual eles seriam envolvidos.

Os estudos que envolveram pais e crianças nas mesmas sessões de tratamento geralmente encontraram efeitos mais positivos (Barrett, 1998; Barrett et al., 1996b). Conforme relatado por Mendlowitz e colaboradores (1999), o envolvimento parental fornecia aos pais oportunidades mais específicas para estimular a criança a usar suas habilidades e para reforçá-las. As novas habilidades são praticadas durante as sessões de tratamento e o terapeuta consegue identificar e intervir em qualquer problema de interação entre a criança e os pais capaz de atrapalhar a terapia.

> O envolvimento parental na TCC é mais benéfico quando os pais e a criança participam das mesmas sessões de tratamento.

▶ Componentes comuns das intervenções focadas nos pais

Embora existam consideráveis variações na maneira de envolver os pais na TCC, Ginsburg e Schlossberg (2002) salientam que as intervenções parentais quando a criança tem problemas emocionais tendem a focar algumas habilidades principais:

- psicoeducação;
- manejo de contingências;
- redução da ansiedade parental;
- reestruturação cognitiva;
- melhoria do relacionamento pais-criança;
- prevenção da recaída.

■ Psicoeducação

Um objetivo comum de todas as intervenções que envolvem os pais é informá-los sobre a TCC. Costumam ser oferecidas informações sobre os princípios que fundamentam o modelo de tratamento, o processo de terapia e o conteúdo e as habilidades-chave que serão trabalhados.

No final do capítulo, estão incluídas folhas de informação para pais e crianças explicando o modelo e o processo básico da TCC. Esse material destaca os aspectos e objetivos centrais da TCC:

- esclarecer a ligação entre eventos, pensamentos, sentimentos e comportamentos;
- identificar maneiras prejudiciais de pensar;
- aprender a checar e testar pensamentos negativos;
- aprender novas maneiras de lidar com sentimentos desagradáveis;
- aprender a solucionar problemas de modo que as dificuldades sejam enfrentadas e superadas.

Finalmente, são esclarecidos os aspectos-chave do processo em termos de ser colaborativo, divertido e experimental. A folha para os pais também contém informações sobre como eles podem ajudar a criança, e emprega o acrônimo *SUPPORT* (APOIO) para salientar as seguintes questões fundamentais:

- S (*show*) – Mostre ao seu filho como ser bem-sucedido.
- U (*understand*) – Compreenda que ele tem um problema e precisa da sua ajuda.
- P (*patient*) – Seja paciente.
- P (*prompt*) – Estimule-o a tentar.
- O (*observe*) – Observe o que ele faz.
- R (*reward*) – Recompense e elogie seus esforços.
- T (*talk*) – Converse sobre o que ele faz.

Resumos escritos desse tipo constituem um lembrete permanente que pode ajudar em momentos posteriores ou ser discutido com aqueles que não puderem participar das sessões de terapia.

■ Manejo de contingências

O principal objetivo do manejo de contingências é maximizar o elogio e a atenção recebidos pela criança por apresentar comportamentos positivos e novas habilidades, e minimizá-los quando ela apresentar comportamentos disfuncionais. Os pais são incentivados a reforçar:

- novas habilidades ou comportamentos por parte da criança;
- comportamentos de enfrentamento, corajosos ou independentes;
- sinais de que a criança está enfrentando e lidando com seus problemas em vez de evitá-los;
- cada passo sucessivo que aproxima a criança de seu objetivo geral.

Os pais são orientados a reforçar os comportamentos positivos da criança de várias maneiras, incluindo elogios verbais, maiores privilégios e recompensas tangíveis. Eles também são informados da necessidade de ignorar e extinguir comportamentos e cognições disfuncionais. Assim, os pais são aconselhados a responder de maneira carinhosa e empática às preocupações e temores da criança, mas a não reforçá-los ou se deterem neles. Ao contrário, os pais devem encorajar a criança a experimentar suas novas habilidades e estratégias de enfrentamento, a elogiar e incentivar seu uso. Dessa forma, os pais são ajudados a empregar técnicas simples de manejo das contingências: o elogio descritivo e o desconhecimento intencional.

■ Redução da ansiedade parental

Em vista da significativa associação entre a ansiedade da criança e a dos pais, alguns programas de TCC incluem intervenções destinadas a reduzir a ansiedade parental. Essas intervenções preocupam-se, essencialmente, em ajudar os pais a:

- identificar os próprios sentimentos de ansiedade e respostas específicas de ansiedade;
- reconhecer o efeito do seu comportamento sobre a criança;
- substituir seus pensamentos que aumentam a ansiedade por pensamentos mais úteis que a reduzem;
- enfrentar e superar os próprios medos e desafios;
- modelar comportamentos corajosos e habilidades úteis.

■ Reestruturação cognitiva

As cognições dos pais são claramente importantes e, em várias situações, interferem no tratamento e limitam a sua capacidade de apoiar a criança. Alguns programas, portanto, incluem uma reestruturação cognitiva específica destinada a identificar, desafiar e reavaliar cognições parentais importantes ou disfuncionais. Por exemplo, crenças sobre a sua capacidade como pais, expectativas em relação aos comportamentos da criança e atribuições relativas a eventos podem se tornar focos específicos nas suas sessões de terapia. Em programas para crianças sexualmente abusadas, atribuições parentais relativas à acusação ("Era a minha obrigação protegê-la e eu não protegi"), responsabilidade ("Se eu tivesse escutado mais as preocupações dele, ele não precisaria ter abusado dela") ou culpa ("Se eu tivesse largado meu emprego à noite, eu teria passado mais tempo em casa") podem ser tratadas especificamente.

No caso de crianças com transtornos de ansiedade, as crenças parentais sobre a competência da criança ("Ela simplesmente não sabe o que fazer numa situação assim"), sua independência ("Ele simplesmente não sabe enfrentar as coisas sem mim") ou capacidade de enfrentar e manejar eventos estressantes ("Este é um passo grande demais") podem ser eliciadas e testadas.

O trabalho com pais de crianças que apresentam dificuldades externalizadas pode tratar diretamente o significado que eles atribuem ao comportamento dos filhos, avançando de atribuições causais mais internas ("Ele faz isso porque não gosta de mim") para atribuições mais externas ("Ele provavelmente faz cena e chora porque está cansado no final da escolinha").

O processo de reestruturação cognitiva envolve as seis etapas seguintes:

- evocar cognições disfuncionais importantes ou comuns;
- identificar armadilhas comuns de pensamento e as conseqüências dessa maneira de pensar;
- explorar cuidadosamente as informações que confirmam ou refutam esses pensamentos;
- experimentar, para testar e verificar o que realmente acontece;
- refletir sobre essas novas informações para chegar a um ponto de vista mais equilibrado, que oferece uma explicação melhor;
- implementar esse ponto de vista e desafiar crenças anteriores.

■ Melhoria do relacionamento pais-criança

Um objetivo fundamental de muitos programas parentais na TCC focada na criança é melhorar o relacionamento entre pais e filhos. Isso, tipicamente, envolve a utilização de estratégias para reduzir conflitos, melhorar a comunicação e solucionar problemas. Isso tudo se baseia nas habilidades de manejo de contingências descritas anteriormente, e resulta no aumento de mensagens positivas e na redução de confrontações negativas.

Em termos da redução de conflitos, os pais são ajudados a desenvolver habilidades que evitam discussões e brigas. Eles podem ser ajudados a identificar os estágios habituais das brigas e discussões, e a encontrar maneiras de interromper essa progressão, "esfriar a cabeça" e se acalmar. Gatilhos importantes, áreas comuns de problemas, estratégias de tranqüilização e cognições importantes ("A última palavra deve ser minha") precisam ser esclarecidos e desafiados. A necessidade de consistência entre os pais é examinada, e eles precisam entrar num acordo em relação a limites e conseqüências. A comunicação é facilitada pelo desenvolvimento de habilidades de escuta adequadas, que transmitem interesse, tal como fazer contato visual, concordar com a cabeça e resumir o que o outro disse. Padrões negativos de comunicação, que envolvem criticar, culpar, interromper e tentar persuadir o outro são substituídos por padrões mais positivos. Os pais também são incentivados a tirar um tempo, regularmente, para conversar e examinar o dia com a criança e reforçar o uso de habilidades e comportamentos importantes. Finalmente, enfatiza-se uma estrutura passo a passo que pode ser empregada para resolver problemas. Essa estrutura pode basear-se na abordagem para solucionar problemas descrita no *BPBS* (p.190-193): em primeiro lugar, definimos claramente o problema e, depois, identificamos algumas soluções possíveis. Então exploramos as conseqüências de cada solução e, baseados nisso, escolhemos e colocamos em prática uma solução preferida.

■ Prevenção da recaída

É preciso preparar a criança e os pais para possíveis recaídas e o retorno dos antigos problemas. Inevitavelmente, haverá momentos em que as novas habilidades da criança serão menos efetivas e seus comportamentos e cognições disfuncionais prévios retornarão. Sem uma preparação adequada, a criança e os pais poderão acreditar que suas novas habilidades, como outras que tentaram no passado, se tornaram inefetivas. Isso pode ser muito negativo e desmotivador, e reforçar crenças anteriores de ser incapaz de conseguir mudanças positivas.

Preparar a criança e os pais para uma possível recaída é uma parte importante da intervenção. A recaída, portanto, é esperada e normalizada como parte do processo de mudança, e é vista como uma dificuldade temporária, e não como uma indicação mais permanente de fracasso. Além de reconhecerem explicitamente e se prepararem para essa eventualidade, os pais e a criança podem adotar uma abordagem mais pró-ativa, identificando possíveis gatilhos ou eventos difíceis futuros: início de um novo ano escolar, ingresso em um novo clube social, mudança de casa. Isso permite que os pais e a criança se preparem para lidar com esses acontecimentos, estejam cientes de padrões disfuncionais prévios e se concentrem mais no emprego das novas habilidades.

> O envolvimento parental na TCC para problemas emocionais envolve, tipicamente:
> - a provisão de material psicoeducacional sobre os princípios do tratamento, o processo da terapia e as habilidades e estratégias trabalhadas;
> - maximizar a atenção e o reforço parental de novas habilidades por parte da criança e minimizar essa atenção e reforço no caso de comportamentos disfuncionais;
> - tratar diretamente os comportamentos problemáticos dos pais;
> - identificar e reestruturar cognições parentais disfuncionais que possam atrapalhar ou impedir o progresso;
> - melhorar os relacionamentos familiares aumentando a comunicação e reduzindo o conflito.

▶ Duas idéias finais

■ A criança e os pais têm agendas diferentes

Com certa freqüência, descobrimos que a criança tem uma agenda diferente da dos pais e, portanto, objetivos diferentes. Isso cria um problema para o terapeuta, em termos de garantir a motivação e um plano de tratamento aceitável tanto para a criança como para os pais. Em alguns casos, serão identificados muitos problemas e objetivos diferentes, e podemos nos sentir oprimidos por uma agenda aparentemente impossível. Um efeito negativo disso é o reforço das cognições, dos pais e da criança, relativas à incapacidade e impossibilidade de mudança.

Em situações como essa, é importante identificar explicitamente os objetivos de todas as partes envolvidas e garantir que sejam registrados. Isso proporciona um registro permanente que pode ser usado em sessões futuras e indica que as opiniões de todos foram escutadas. O terapeuta mantém uma posição objetiva e neutra, em que as diferentes agendas e objetivos dos pais e da criança são reconhecidos e registrados.

Em outras ocasiões, o uso de métodos simples como o reenquadramento pode oferecer uma definição e um entendimento alternativos do problema. Isso ajuda os pais e a criança a chegarem a uma agenda compartilhada, que os une. Reenquadrar a relutância da criança em sair de casa como um sinal de que ela está preocupada e não sabe como lidar com situações novas proporciona um entendimento muito diferente daquele que sugere que a criança não tenta fazer nada para se ajudar. O primeiro entendimento fornece uma explicação em que a criança precisa de ajuda, enquanto o último sugere que ela está, deliberadamente, escolhendo se comportar de maneira difícil e, portanto, precisa ser desafiada. Portanto, o entendimento e as atribuições da criança e da família em relação aos problemas apresentados podem facilitar o desenvolvimento de uma agenda compartilhada ou, pelo contrário, resultar em conflito.

Entretanto, em termos de prioridades, convém primeiro assegurar o comprometimento da criança com o processo de terapia, selecionando-se uma de suas metas para iniciar o trabalho. É importante garantir que a meta selecionada seja simples, atingível, e esteja dentro das capacidades da criança, o que aumenta a probabilidade de sucesso. As outras metas não serão perdidas ou esquecidas, são apenas deixadas na lista ou "estacionadas". Depois que a criança atingiu sua primeira meta, os objetivos "estacionados" são revisitados e é escolhido o próximo.

- Para maximizar o engajamento da criança, convém começar com uma de suas metas.
- Assegurar que a meta seja simples, realista e atingível, para maximizar o sucesso.
- Múltiplos problemas precisam ser deixados "estacionados", à espera.

■ Os pais são capazes de apoiar a criança na TCC?

É preciso avaliar cuidadosamente o funcionamento psicológico dos pais, para determinar se eles são capazes de apoiar positivamente a criança durante a TCC. A psicopatologia parental pode ser um fator importante que interfere na terapia ou impede mudanças positivas. Por exemplo, a mãe pode estar deprimida e ter crenças ou suposições predominantemente negativas, e ser incapaz de reforçar ou encorajar tentativas da criança de conseguir mudanças positivas. Se um dos pais sofrer de ansiedade significativa, pode modelar e reforçar comportamentos de evitação na criança e ser incapaz de facilitar experimentos baseados na exposição comportamental. Igualmente, se o progenitor tiver vivenciado eventos traumáticos similares aos da criança (por exemplo, acidente de carro ou violência doméstica) pode estar experienciando também uma resposta traumática que o impede de ser capaz de apoiar a criança.

Portanto, a psicopatologia parental precisa ser cuidadosamente avaliada, para sabermos se o envolvimento dos pais terá uma influência positiva ou negativa na TCC. Se os problemas parentais precisarem ser tratados, o terapeuta terá de determinar qual é a melhor maneira de fazer isso. Dependendo de sua importância e extensão, os problemas dos pais talvez precisem ser tratados diretamente antes de se começar a TCC focada na criança. Alternativamente, eles podem ser manejados indiretamente ou tratados diretamente durante o desenrolar do trabalho com a criança. O terapeuta também precisa estar ciente da extensão das próprias habilidades, para saber se pode tratar os problemas parentais ou se um encaminhamento para uma equipe especialista em saúde mental adulta resultaria numa intervenção mais intensiva e focada.

Finalmente, o terapeuta deve estar atento a questões mais amplas de proteção à criança. Situações em que a criança é usada como bode expiatório, cognições muito hostis e rejeitadoras, sinais de abuso emocional ou físico potencialmente excessivo precisam ser levados a sério, com o conseqüente encaminhamento às agências de proteção apropriadas. Como qualquer outra forma de terapia, a TCC só será efetiva no contexto de um ambiente apoiador e capacitante.

- A capacidade dos pais de apoiar a criança na TCC precisa ser avaliada.
- Os problemas parentais que podem interferir na TCC precisam ser identificados e a intervenção necessária deve ser posta em prática para solucioná-los.

O que é a terapia cognitivo-comportamental (TCC)?

Incômodos e problemas fazem parte do nosso dia-a-dia. Pais, amigos, escola, trabalho; na verdade, tudo pode causar problemas.

Felizmente, nós temos condições de resolver vários desses problemas, mas há alguns que parecem muito **grandes e difíceis**. Eles:

- acontecem com muita freqüência
- parece que nunca melhoram
- parecem grandes demais para ter solução
- afetam tudo o que fazemos.

Problemas deste tipo podem acabar tomando conta e nos deixando infelizes ou preocupados. Nesses momentos, precisamos descobrir maneiras melhores de lidar com eles, e a **Terapia Cognitivo-Comportamental (TCC)** pode ajudar.

O que é a TCC?

A TCC é uma maneira de lidar com problemas que examina a ligação entre:

- A nossa maneira de pensar.
- Como nos sentimos.
- O que fazemos.

Por que esta ligação é importante?

As pessoas com problemas muitas vezes pensam de uma maneira que as prejudica. É provável que elas:

- Esperem que as coisas dêem errado.
- Se preocupem com o que aconteceu ou pode acontecer.
- Percebam mais as coisas que não estão certas.
- Critiquem muito o que fazem.
- Transformem coisas banais em grandes problemas.

Estas maneiras de pensar são prejudiciais e podem fazer que a pessoa se sinta **péssima**.

Se você espera que as coisas dêem errado, pode acabar se sentindo **estressado ou ansioso.**

Se você pensa que sempre entende mal as coisas, pode acabar se sentindo **triste ou infeliz**.

Se você pensa que as pessoas não gostam de você ou dizem coisas desagradáveis, pode acabar se sentindo **zangado ou com raiva**.

Ninguém gosta de se sentir assim e as pessoas tentam encontrar uma maneira de se sentir melhor. Infelizmente, algumas coisas que fazemos acabam nos deixando pior ainda. Assim, nós **paramos de fazer coisas**. Nós:

Evitamos coisas que achamos difíceis.

Desistimos de tentar fazer coisas.

Deixamos de sair e passamos mais tempo em casa, sozinhos.

Como a TCC vai ajudar?

A TCC vai ajudar você a descobrir:

- ▶ os pensamentos e sentimentos que você tem;
- ▶ a ligação entre o que você pensa, como se sente e o que faz;
- ▶ maneiras mais úteis de pensar;
- ▶ como controlar sentimentos desagradáveis;
- ▶ como enfrentar e superar seus problemas.

O que vai acontecer?

Nós vamos trabalhar **juntos**. Você tem um monte de boas idéias e coisas importantes a dizer e nós queremos saber delas.

Nós vamos **experimentar** e testar novas idéias para descobrir o que pode ajudar você. Você vai:

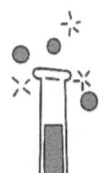

- ▶ verificar os pensamentos que tem e descobrir maneiras úteis de pensar;
- ▶ descobrir maneiras de controlar seus sentimentos desagradáveis;
- ▶ aprender a resolver e superar seus problemas.

Então vamos experimentar e ver se isso ajuda!

O que os pais precisam saber sobre a terapia cognitivo-comportamental (TCC)

O que é a TCC?

A Terapia Cognitivo-Comportamental (TCC) é uma maneira **MUITO EFETIVA** de ajudar as crianças a superarem seus problemas. Ela se baseia na idéia de que aquilo que sentimos e fazemos é influenciado por aquilo que pensamos. A TCC examina a ligação entre:

- Como as pessoas pensam.
- Como elas se sentem.
- O que elas fazem.

Na TCC, seu filho será ajudado a descobrir a sua maneira prejudicial de pensar. Essas maneiras prejudiciais geralmente provocam sentimentos de preocupação, ansiedade, tristeza, raiva ou desconforto. Esses sentimentos são muito desagradáveis. Nós tentamos impedi-los ou fazê-los desaparecer evitando situações difíceis ou desafiadoras. Esta é a **ARMADILHA NEGATIVA**.

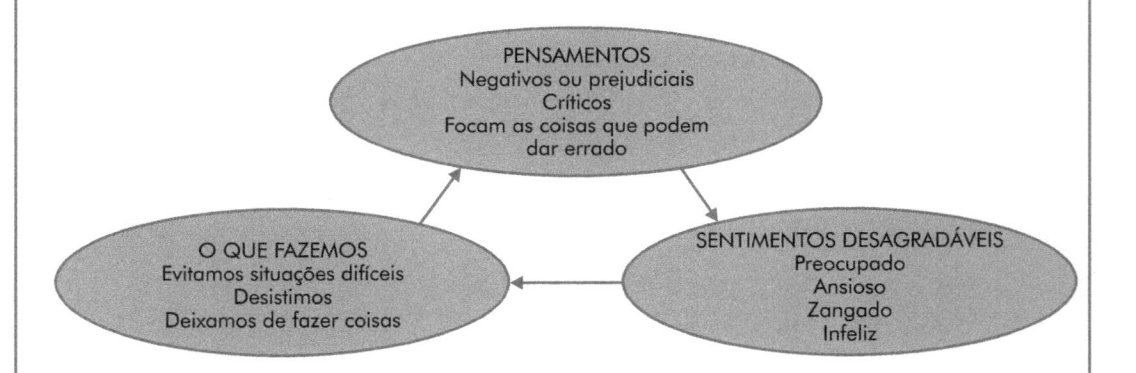

PENSAMENTOS
Negativos ou prejudiciais
Críticos
Focam as coisas que podem dar errado

O QUE FAZEMOS
Evitamos situações difíceis
Desistimos
Deixamos de fazer coisas

SENTIMENTOS DESAGRADÁVEIS
Preocupado
Ansioso
Zangado
Infeliz

Como a TCC vai ajudar?

A TCC vai ajudar seu filho a:

- descobrir a sua maneira negativa ou prejudicial de pensar;
- descobrir a ligação entre o que ele pensa, como se sente e o que faz;
- verificar e testar as evidências em favor de seus pensamentos negativos e prejudiciais;

- encontrar novas maneiras de lidar com seus sentimentos desagradáveis;
- superar seus problemas e fazer as coisas que ele realmente quer fazer.

A TCC vai ajudar seu filho a sair da armadilha negativa e adotar uma abordagem mais **POSITIVA**.

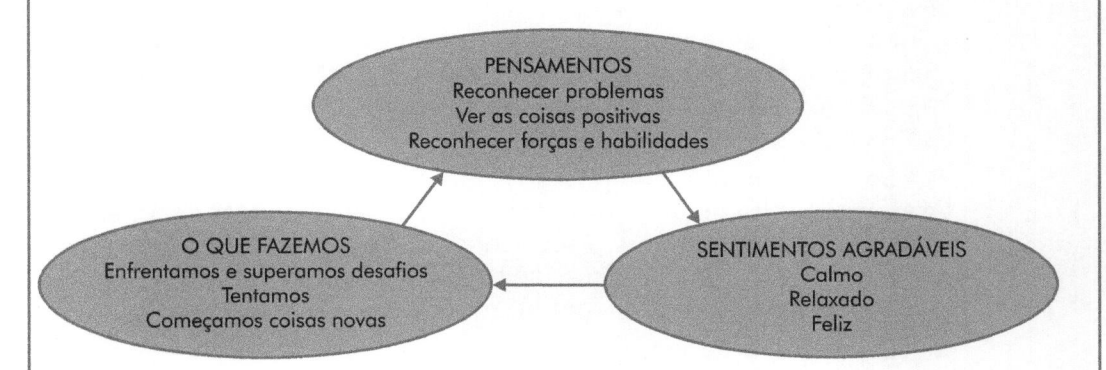

PENSAMENTOS
Reconhecer problemas
Ver as coisas positivas
Reconhecer forças e habilidades

O QUE FAZEMOS
Enfrentamos e superamos desafios
Tentamos
Começamos coisas novas

SENTIMENTOS AGRADÁVEIS
Calmo
Relaxado
Feliz

O que vai acontecer?

A TCC é uma abordagem divertida e prática que ajuda as crianças a aprenderem a superar seus problemas. Nós **TRABALHAREMOS JUNTOS com você e seu filho para**:

- identificar maneiras prejudiciais de pensar;
- desenvolver um entendimento compartilhado de por que esses problemas acontecem;
- explorar se há outras maneiras de se pensar sobre as coisas;
- testar e experimentar para ver se elas são úteis;
- aprender novas maneiras de controlar sentimentos desagradáveis;
- descobrir novas maneiras de solucionar problemas.

Nós combinaremos com vocês:

- um número definido de sessões;
- se vamos nos reunir apenas com seu filho ou se vocês participarão de algumas ou de todas as sessões.

A última sessão geralmente é um encontro com vocês e seu filho para examinar como as coisas mudaram e combinar o que precisa ser feito a seguir.

Como posso ajudar meu filho?

Você pode ajudar seu filho dando-lhe seu **APOIO (SUPPORT)**.

S – Mostre ao seu filho como ter sucesso
As crianças aprendem observando os outros, especialmente os pais. Seja um modelo positivo para seu filho e mostre a ele como enfrentar e lidar bem com situações difíceis, em vez de evitá-las.

U – Compreenda que ele tem um problema e precisa da sua ajuda
Lidar com preocupações e problemas é difícil, e as crianças às vezes não sabem o que fazer ou aprendem maneiras prejudiciais de lidar com as situações. Embora você ou outras pessoas possam achar difícil o comportamento de seu filho, é importante lembrar que ele provavelmente não está se comportando assim por ser uma criança difícil ou mal-comportada.

P – Seja paciente
As mudanças levam tempo – então, não espere mudanças imediatas. Seja paciente, recompense o sucesso e lembre que recaídas temporárias são comuns. Encoraje seu filho a continuar tentando e a não desistir – ele vai chegar lá!

P – Incentive-o a tentar
As crianças ficam presas em suas antigas maneiras de pensar e se comportar, e precisarão que você as incentive a utilizar suas novas habilidades. Elas também podem achar difíceis algumas partes do programa. Incentive-a a praticar e lembre-a de que é muito importante utilizar suas novas habilidades.

O – Observe o que ele faz
Seu filho pode estar preso em uma armadilha negativa e ter muita dificuldade para ver as coisas positivas ou bem-sucedidas que acontecem. Observe o que o seu filho faz e o ajude a descobrir as coisas que estão indo bem. Ajudar seu filho a reconhecer seus sucessos fará com que ele se sinta bem consigo mesmo, mostrará a ele que está fazendo progressos e aumentará a sua confiança em tentar novamente.

R – Recompense e elogie seus esforços
Fique atento para ver quando seu filho pratica e utiliza suas novas habilidades. As crianças geralmente se esforçam mais quando sabem que você está interessada e vai elogiá-las. Você também pode usar pequenas recompensas, como deixá-lo ficar acordado até mais tarde, passar mais tempo no computador, assistir a um filme em DVD ou convidar um amigo para dormir na sua casa. Recompensas não precisam custar dinheiro. Combine com seu filho as coisas que serão um privilégio especial.

T – Converse sobre o que ele faz
Conversar com seu filho pode ajudá-lo a se sentir apoiado e compreendido. Sua auto-estima aumenta quando ele percebe que você está interessada no que ele diz. Conversar sobre as sessões de terapia é uma maneira de aprender pontos importantes e de salientar mensagens essenciais. Entretanto, você deve evitar crivá-lo de perguntas após cada sessão – haverá momentos em que ele talvez não queira conversar sobre essas coisas.

APÓIE seu filho e ajude-o a superar seus problemas.

◀ CAPÍTULO SEIS ▶

O processo da TCC focada na criança

▶ O processo terapêutico da TCC focada na criança

O processo da TCC com crianças é complexo e os resultados serão, indubitavelmente, influenciados por alguns fatores, entre os quais:

- a motivação da criança e sua prontidão para mudar;
- influências sistêmicas importantes;
- as técnicas e estratégias terapêuticas específicas utilizadas;
- a maneira pela qual a terapia é organizada e estruturada;
- considerações desenvolvimentais;
- a natureza do relacionamento terapêutico.

As questões relativas à entrevista motivacional e prontidão para a mudança foram discutidas no Capítulo Dois. Depois que a criança estiver preparada para se engajar num processo ativo de mudança e for capaz de identificar possíveis alvos, o processo de TCC pode começar para valer. O terapeuta precisa saber quais são os fatores importantes no sistema mais amplo, tais como pais ou cuidadores, professores e iguais, que contribuem para os problemas da criança ou os mantêm. A maneira mais efetiva de tratar essas questões foi discutida no Capítulo Três.

O terapeuta terá ao seu dispor algumas técnicas exclusivas que podem ser utilizadas durante a terapia. As ferramentas e intervenções específicas necessárias dependerão da natureza do problema da criança e do seu nível desenvolvimental, e serão informadas pela formulação. Entretanto, as técnicas específicas não serão efetivas, por melhor que sejam planejadas e aplicadas, se não houver um relacionamento terapêutico acolhedor e apoiador. Isso foi reconhecido por Beck (1976), que via o relacionamento terapêutico como "um componente primário óbvio da psicoterapia efetiva".

Howard e colaboradores (1993) sugerem uma maneira útil de conceitualizar a psicoterapia, uma que reconhece a importância tanto do relacionamento terapêutico como das técnicas terapêuticas específicas. Os autores sugerem que o desenvolvimento do relacionamento terapêutico cria um senso de esperança. Por sua vez, imagina-se que isso resulta em uma redução quase imediata dos sintomas, e em melhorias no funcionamento global por meio de estratégias terapêuticas específicas.

Apesar da concordância sobre a importância do relacionamento terapeuta/criança/cuidador, são raras as pesquisas que examinam isso na psicoterapia infantil (Kazdin e Kendall, 1998; Russell e Shirk, 1998). Kendall e Southam-Gerow (1996) descobriram que relatos parentais retrospectivos identificavam a natureza do relacionamento terapêutico como o aspecto mais importante do tratamento. Chu e Kendall (2004) examinaram especificamente um dos aspectos desse relacionamento, o envolvimento da criança na TCC. O envolvimento da criança, definido como a sua disposição em participar das atividades terapêuticas, empenhar-se na auto-revelação e engajar-se mentalmente no processo terapêutico, trazendo voluntariamente novas informações para a discussão, foi associado a maiores ganhos terapêuticos. Um mau relacionamento terapêutico foi identificado como uma razão fundamental para o abandono da terapia (Garcia e Weisz, 2002).

A necessidade de prestar atenção ao desenvolvimento e manutenção de um bom relacionamento terapêutico é especialmente importante com crianças (Shirk e Saiz, 1992). As crianças freqüentemente iniciam a terapia como clientes relutantes, não dispostas a fazer terapia, que quase não se apropriam de seus problemas ou da necessidade de mudar. O processo de engajamento e de criação de uma agenda mutuamente compartilhada, portanto, merece especial atenção e pode levar tempo. Embora faltem pesquisas sobre os aspectos específicos do relacionamento terapêutico, a experiência clínica sugere que a natureza desse relacionamento está inserida em alguns princípios fundamentais que podem ser capturados pelo acrônimo *PRECISE*, resumido na Figura 6.1.

Baseado em	**P** (*Partnership*) Parceria no trabalho
Adequado ao	**R** (*Right*) Nível desenvolvimental correto
Promove	**E** (*Empathy*) Empatia
É	**C** (*Creative*) Criativo
Encoraja a	**I** (*Investigation*) Investigação e experimentação
Facilita a	**S** (*Self-discovery*) Autodescoberta e auto-eficácia
É	**E** (*Enjoyable*) Divertido e prazeroso

Figura 6.1 O processo *PRECISE*.

■ Parceria no trabalho

O processo terapêutico requer que a criança e o terapeuta trabalhem juntos, em uma parceria baseada no empirismo colaborativo. Por meio dessa parceria colaborativa, o terapeuta e a criança irão detalhar a natureza e extensão dos problemas atuais e desenvolver uma formulação. Serão identificados os fatores importantes na instalação e manutenção dos problemas, e a criança será ajudada a descobrir suas cognições disfuncionais ou tendenciosas. A criança será incentivada a testar essas cognições, fazendo experimentos e coletando evidências que as confirmem ou refutem. Por sua vez, isso a levará a descobrir maneiras alternativas, mais equilibradas e proveitosas, de pensar e se comportar. O conceito de empirismo colaborativo, nesse trabalho em parceria, aumenta o engajamento e a participação ativa; a criança e os pais criam a formulação resultante; a intervenção é mutuamente construída e combinada, e maximiza o potencial de autodescoberta e mudança.

O processo de trabalho em parceria requer:

- que a criança e o terapeuta criem uma aliança e trabalhem juntos;
- um processo terapêutico honesto, que permita o compartilhar do conhecimento e também da incerteza;

- o uso de uma linguagem inclusiva que não se torne complexa ou técnica demais para a criança;
- que o terapeuta acredite que a criança é tão importante quanto os adultos e pode contribuir com informações e idéias úteis.

Um relacionamento colaborativo talvez seja incomum para as crianças, que podem reagir manifestando certo grau de desconfiança ou apreensão.

- Geralmente, as crianças são "mandadas" para a terapia por outras pessoas e talvez não tenham nenhum desejo de criar um relacionamento colaborativo.
- Experiências prévias podem levar a criança a esperar que suas idéias e opiniões não sejam valorizadas ou que sejam, de alguma maneira, avaliadas como "certas" ou "erradas".
- As crianças estão acostumadas a adotar um relacionamento passivo com figuras adultas de autoridade e podem esperar que o adulto lhes diga quais são seus problemas e o que elas precisam fazer para mudar.

A fim de evitar essas armadilhas, é essencial que a natureza e as expectativas da parceria colaborativa estejam claras e explícitas desde o início. O terapeuta talvez precise se diferenciar dos outros adultos e dizer à criança que ele:

- quer realmente saber que mudanças a criança gostaria de fazer;
- e a criança trabalharão juntos para tentar descobrir por que esses problemas acontecem e farão experimentos para ver se eles podem ser modificados;
- não tem as soluções, mas quer aprender e descobri-las com a criança;
- quer escutar as idéias da criança sobre como fazer mudanças.

Dentro da parceria, o terapeuta precisa reconhecer que existe, na verdade, uma diferença de poder entre ele e a criança. Esta é uma realidade que não pode ser negada, nem completamente removida. Em vez disso, ela precisa ser reconhecida e o terapeuta deve tomar medidas para garantir que a criança tenha oportunidades de participar do processo de forma ativa e completa. O terapeuta pode conseguir isso de várias maneiras, entre as quais:

- Garantir que a criança seja inteiramente incluída nas discussões e tenha oportunidade de contribuir com suas idéias.
- Enfatizar que as idéias dela são importantes e úteis.
- Salientar que há muitas maneiras diferentes e proveitosas de pensar sobre os problemas e as situações, e não uma única "resposta".
- Reconhecer suas limitações e admitir enganos ou erros – "Acho que eu não expliquei isso muito bem".
- Explicar que, quando você se enganar ou entender mal alguma coisa, a criança deve lhe dizer isso. Combine com ela uma maneira de ela poder lhe dizer isso.

Também há momentos em que o terapeuta pode mostrar que a criança possui um conhecimento e uma perícia superiores, por exemplo, pedindo a ela que fale sobre seus interesses. A criança se torna a "especialista" conforme fala sobre suas músicas, filmes, passatempos ou times esportivos favoritos e percebe que você escuta e que ela tem informações que você quer conhecer.

> O terapeuta e a criança trabalham em um relacionamento ativo, colaborativo, em que as informações são compartilhadas de maneira sincera e igualitária.

■ Nível desenvolvimental correto

A adoção de uma perspectiva de desenvolvimento requer que o terapeuta considere algumas questões sobre a apresentação e o contexto social dos problemas da criança, e também as suas capacidades cognitivas, lingüísticas, mnemônicas, e se ela é capaz de considerar perspectivas diferentes. Isso garantirá um ajuste da TCC ao nível desenvolvimental certo. Ao considerar esses aspectos, o terapeuta precisa responder a três perguntas:

- A intervenção é necessária ou o comportamento da criança está adequado ao seu nível de desenvolvimento?
- A intervenção é compatível com as habilidades sociais, cognitivas e lingüísticas da criança?
- As influências sistêmicas importantes foram avaliadas e integradas à terapia?

O comportamento apresentado é uma variação do desenvolvimento normal ou constitui um desvio significativo desta trajetória?

A primeira questão requer que o terapeuta adote uma instância em que os comportamentos apresentados pela criança (isto é, os problemas que levaram ao encaminhamento) sejam considerados segundo uma estrutura do desenvolvimento. Em essência, o terapeuta precisa determinar se o comportamento da criança está dentro das variações de desenvolvimento esperadas ou se representa um desvio significativo da trajetória do desenvolvimento esperada. Comportamentos que se desviam significativamente do processo de desenvolvimento normal comprometem gravemente a capacidade da criança de cumprir as tarefas de desenvolvimento e, portanto, requerem intervenção. Muitas crianças apresentarão desvios temporários da trajetória normal, mas isso não sugere, necessariamente, que estão apresentando comportamentos problemáticos que exigem intervenção (Ronen, 1997). Por exemplo, Reinecke e colaboradores (2003) observam que as crianças pequenas apresentam vários medos (medo do escuro, de separação), que costumam ser vistos como normais. Entretanto, se forem manifestados numa idade mais avançada, podem indicar a existência de um transtorno de ansiedade significativo. Numa idade mais avançada, eles podem interferir na capacidade da criança de realizar suas tarefas de desenvolvimento de se separar dos pais, ou desenvolver maior independência.

A intervenção foi modificada de modo a ser compatível com as habilidades sociais, cognitivas e lingüísticas da criança?

A segunda questão que o terapeuta precisa considerar é como ajustar a TCC ao grau de desenvolvimento certo para que a criança tenha acesso a ela. Se a TCC estiver num nível muito elevado, a criança não será capaz de se engajar e participar inteiramente da terapia. Da mesma forma, se o nível for muito baixo, a criança pode sentir que está sendo tratada com excessiva condescendência e ficar entediada e desinteressada. Portanto, o terapeuta precisa considerar fatores no desenvolvimento da criança que afetarão, positiva ou negativamente, o sucesso da intervenção, incluindo suas capacidades cognitivas e lingüísticas, assim como seus interesses.

A capacidade cognitiva da criança de se engajar na TCC tem recebido bastante atenção. A influente teoria do desenvolvimento cognitivo de Piaget (1952) sugere que as crianças não são capazes de pensar abstratamente até o estágio operacional concreto (dos 7-12 anos). O que vemos como metacognição ou pensamento reflexivo só se desenvolve quando a criança atinge o que Piaget chamou de estágio das operações formais (na adolescência). A implicação deste modelo é que o pré-adolescente não será capaz de responder a muitas das demandas cognitivas da TCC e, assim, terá menos benefícios com esta abordagem (Durlak et al., 1991).

O modelo de desenvolvimento cognitivo em estágios seqüenciais proposto por Piaget tem sido crescentemente questionado. Atualmente, reconhecemos que as crianças são capazes de realizar tarefas cognitivas exigentes se receberem instruções adequadas (Thornton, 2002). Harrington e colaboradores (1998b) salientam que as demandas cognitivas da TCC são, tipicamente, bastante limitadas e requerem que a criança raciocine sobre questões concretas, em vez de se engajar num processo cognitivo conceitual altamente abstrato. O terapeuta precisa estar atento a isso e modificar sua intervenção correspondentemente, mas já está se consolidando uma opinião clínica de que as crianças a partir de 7 anos são capazes de participar da TCC. O debate é maior em relação a crianças com idade inferior a 7 anos, e Piacentini e Bergman (2001) sugerem que, independentemente dos ajustes do terapeuta, as crianças com menos de 7 anos talvez sejam incapazes de se beneficiarem de muitos aspectos cognitivos do tratamento. Nesse caso, a intervenção deve focalizar menos as cognições e mais as abordagens comportamentais (Bolton, 2004). Crianças entre 7 e 11 anos talvez se beneficiem mais de técnicas cognitivas simples, específicas e concretas, tais como a fala interna positiva, conversar consigo mesmas sobre a melhor maneira de lidar com determinada situação. Já os adolescentes podem ser capazes de aproveitar técnicas cognitivas mais sofisticadas, em que suposições e crenças cognitivas disfuncionais são identificadas e reavaliadas.

Terapias de "cura pela fala", como a TCC, usam a linguagem como o meio pelo qual a criança transmite seus pensamentos e sentimentos e o terapeuta promove maior auto-entendimento e autodescoberta, o que leva à aquisição de habilidades mais funcionais. Portanto, é essencial que o terapeuta não faça suposições sobre a capacidade da criança de se expressar com palavras e compreender o que é falado. É muito fácil imaginar que existe um nível compartilhado de linguagem quando, de fato, esse entendimento não existe.

A capacidade da criança de apresentar informações, espontânea e voluntariamente, em resposta a perguntas abertas também pode ser limitada. Isso talvez reflita a sua capacidade de memória ainda em desenvolvimento, ou, alternativamente, pode indicar que a pergunta foi complexa demais e a criança não sabe bem como responder. Crianças mais jovens respondem melhor a perguntas mais específicas e diretas. Uma possível dificuldade para recordar pode ser resolvida oferecendo-se à criança lembretes específicos ou sugerindo-se uma gama de opções a partir das quais ela pode escolher: "Algumas crianças me dizem que ficam apavoradas, algumas ficam com raiva e outras se sentem tristes. Você tem algum desses sentimentos?"

A TCC deve incorporar a linguagem da criança e as palavras que ela usa para descrever seus problemas, pensamentos e sentimentos. Entretanto, em vez de simplesmente espelhar ou empregar as palavras da criança, é importante que o terapeuta compreenda plenamente o significado que ela atribui aos seus termos e descrições. No nível mais básico, devem ser evitados o jargão e os termos profissionais. Utilize os termos da criança (por exemplo, "a fala na minha cabeça") em vez de refraseá-los num contexto profissional ("pensamentos negativos automáticos").

Também convém utilizar materiais não-verbais para complementar e intensificar a discussão verbal. Em termos dos meios utilizados, os mais visuais são melhores. Os métodos visuais proporcionam um registro permanente das informações e ajudam a superar a memória verbal limitada de algumas crianças mais jovens. Balões de pensamento, fotos de revistas com pessoas expressando emoções, formulações simples de três partes, questionários, desenhos, todas essas são maneiras úteis de tornar objetivas, concretas, visuais e divertidas as principais tarefas da TCC. Quando as informações forem mais complexas, podemos criar formulações com múltiplos componentes, em etapas, examinando as conexões entre cada dois elementos.

Também é importante garantir que o processo se baseie nos interesses da criança e em seu meio de comunicação preferido. Algumas crianças são ótimos comunicadores verbais e podem participar de uma terapia predominantemente verbal. Outras preferem métodos não-verbais e podem se sentir mais à vontade e capazes de comunicar seus pensamentos e sentimentos por meio de desenhos, folhas de exercício ou marionetes. Muitas crianças e jovens estão familiarizados com computadores e poderão gostar de planejar seus formulários de automonitoramento e folhas de registro diário. E o envio de textos por *e-mail* é comum para os adolescentes, de modo que a idéia de "fazer um *download* da própria cabeça", escrevendo uma mensagem e enviando-a para o terapeuta, pode ser uma boa maneira de acessar as cognições de crianças e adolescentes.

As influências sistêmicas e os contextos sociais importantes foram considerados e incorporados à intervenção?

A necessidade de considerar influências sistêmicas importantes foi discutida no Capítulo Cinco. Foi salientado o importante papel dos pais/cuidadores da criança na instalação e manutenção de seus problemas, e não podemos ignorar a psicopatologia e as cognições disfuncionais parentais que podem interferir adversamente no programa de tratamento.

A escola é outro contexto importante, e o envolvimento ativo da equipe docente no programa de tratamento pode ser muito benéfico. O fracasso em envolver adequadamente a equipe escolar – por exemplo, avaliando suas idéias sobre o programa de tratamento, seu comprometimento em apoiar o tratamento e seus objetivos – pode resultar em conseqüências negativas. Courtney, de 15 anos, foi encaminhado ao autor por apresentar comportamentos persistentes de grosseria, desafio e explosões de raiva na escola. Ele corria o risco de ser expulso se tivesse mais uma explosão, de modo que nós concordamos que o foco imediato da nossa intervenção seria ajudá-lo a aprender maneiras mais apropriadas de manejar seus sentimentos de raiva. Courtney estava disposto a participar da intervenção e conseguiu utilizar, na escola, várias estratégias de manejo da raiva.

Entretanto, eu prestei insuficiente atenção ao contexto escolar e não percebi que o objetivo da escola não era apoiar Courtney no manejo de seu temperamento, e sim expulsá-lo da escola. Alguns professores estavam assustados com suas explosões de raiva e, embora ele nunca tivesse atacado fisicamente um colega da escola, alguns temiam pela própria segurança. Apesar de Courtney não ter tido nenhum novo ataque de fúria, ele acabou sendo expulso por atrasos persistentes.

> A TCC precisa ser adaptada ao nível de desenvolvimento da criança por meio de técnicas mais visuais, moldadas de acordo com os interesses da criança e suas formas de expressão preferidas.

■ Empatia

Os fatores não-específicos da terapia são muito importantes, e uma das principais habilidades para se desenvolver uma parceria terapêutica é a da empatia. Empatia significa *compreender realmente* o que a criança está pensando, como ela se sente e o significado que atribui aos eventos. O terapeuta precisa ver o mundo através dos olhos da criança e compreender suas crenças, suposições, atribuições e ambivalência em relação à mudança. Portanto, ele sinaliza empatia adotando uma postura afetuosa, sensível e respeitosa. Mas é importante que ele encontre o equilíbrio certo e não pareça condescendente.

A empatia se expressa pela curiosidade, interesse, honestidade e aceitação, características que sinalizam para a criança que o terapeuta quer escutar o que ela tem a dizer. Isso se transmite por algumas habilidades terapêuticas essenciais.

- Boas habilidades como ouvinte. O terapeuta precisa manter contato visual (concordando com a cabeça) e encorajar a criança a falar, enviando dessa maneira a mensagem de que ele está interessado, quer ouvir o que a criança tem a dizer e acredita que ela tem contribuições importantes a fazer.
- Resumos. Eles são uma ótima maneira de mostrar à criança que você escutou o que ela falou, e uma oportunidade para você confirmar se entendeu bem. Eles também permitem que o terapeuta identifique e destaque partes importantes da discussão, e resuma pontos e questões fundamentais.
- Reflexões. Elas ajudam a focar a atenção da criança no que ela relatou e a explorar padrões ou conexões entre diferentes eventos, pensamentos e sentimentos. Também são oportunidades para reconhecer como a criança se sentiu, por exemplo, quando experienciou certos pensamentos ou eventos.
- Validação. Comentários que validam as experiências da criança são uma maneira importante de demonstrar empatia. Uma declaração simples, como: "Parece que você estava com muito medo", pode ser poderosa! Salienta a importância que a criança atribuiu à sua experiência e revela que isso foi reconhecido pelo terapeuta.

> O interesse e a curiosidade do terapeuta promovem empatia e encorajam a criança a verbalizar seus pensamentos, suposições e crenças sobre o mundo.

■ Criatividade

O terapeuta precisa ser criativo e flexível ao considerar como os conceitos da TCC podem ser transmitidos à criança de maneira condizente com seus interesses e experiências. Ele deve adotar uma postura aberta, em que a terapia é vista como um processo singular, no qual diferentes métodos e meios são adaptados às habilidades e interesses da criança. Isso contrasta com a terapia realizada com adultos, em que o meio padrão é verbal. Métodos alternativos, não-verbais, costumam ser utilizados com adultos quando a terapia empaca ou as coisas vão mal. Já com as crianças, a prática padrão é a criatividade e a utilização de meios de comunicação variados.

Criatividade envolve utilizar uma variedade de técnicas e métodos para engajar a criança e ajudá-la a atingir seus objetivos terapêuticos. Isso envolverá o uso de diversos meios, como computadores, fotos, jogos, questionários, marionetes e histórias, que ajudarão a manter seu interesse. A escolha dos materiais dependerá dos interesses da criança. Muitas, por exemplo, não estão dispostas a manter registros de automonitoramento, mas ficam mais motivadas quando solicitadas a planejar um formulário próprio no computador, a ser preenchido, impresso e trazido na próxima sessão. Igualmente, ela pode identificar os pensamentos importantes que acompanham situações "tensas" (isto é, quando a criança percebe uma forte reação emocional) "fazendo um *download*" da sua cabeça em um gravador ou um *e-mail*.

As crianças podem não ser capazes de verbalizar seus pensamentos ou sentimentos quando questionadas diretamente, mas em geral conseguem transmiti-los por meio de balões de pensamento ou brincadeiras. A situação pode ser transformada em um jogo, em que a criança deve adivinhar o que alguém poderia pensar ou sentir na mesma situação que a preocupa. Um jogo de classificação pode ajudar a criança a distinguir entre pensamentos, ações e sentimentos, e sentenças incompletas são uma maneira de evocar pensamentos relacionados a situações ou sentimentos específicos.

Quadros-negros ou brancos são muito úteis, são uma maneira visual de capturar e salientar informações. Pensamentos importantes podem ser capturados e destacados, e a ligação visual entre eventos, pensamentos e sentimentos pode ser enfatizada.

Um desafio importante para o terapeuta é como tornar algumas das idéias da TCC concretas e compreensíveis. Conceitos abstratos e processos complicados precisam ser simplificados e traduzidos em metáforas e passos concretos, com os quais a criança possa se relacionar. O conceito de desafiar pensamentos distorcidos pode ser dividido em uma série de passos simples que levam a criança ao longo do processo (*BPBS*, p. 125). A idéia de pensamentos negativos automáticos pode ser esclarecida pedindo-se à criança que participe de um jogo no qual ela deve usar a mão não-preferida para desenhar uma casa ou escrever seu nome. Depois que a tarefa for realizada, pergunta-se à criança que pensamentos passaram pela sua cabeça enquanto ela fazia a tarefa.

A idéia da atenção seletiva pode ser esclarecida utilizando-se como exemplo a situação de assistir a um filme. Algumas coisas nós já percebemos na primeira vez, mas, se assistirmos ao filme novamente, outras informações chamarão a nossa atenção. E o conceito de pensamentos negativos automáticos pode ser explicado à criança que gosta de computador com a metáfora do *spam* do computador. Ligar o PC e conectá-lo à Internet (isto é, o cérebro da criança) faz com que apareça o *spam* anunciando vários produtos. Ele não foi solicitado (é automático), é difícil de bloquear (não podemos desligá-lo), a maioria não registramos (nós simplesmente deletamos sem ler), mas algumas mensagens são lidas (prestamos atenção a elas, seletivamente). Esta metáfora transmite à criança, de maneira concreta e compreensível, algumas das principais características dos pensamentos automáticos.

Finalmente, o terapeuta deve-se informar sobre os interesses da criança e saber como aproveitá-los e incorporá-los à intervenção. Livros e filmes como *Harry Potter* e *O Senhor dos anéis* sugerem muitas idéias que podem ser desenvolvidas e utilizadas. Por exemplo, em *O prisioneiro de Azkaban*, Harry Potter aprende a dominar seus medos pensando sobre eles de uma maneira engraçada. A idéia de transformar uma emoção desagradável, como ansiedade ou raiva, em uma mais agradável e satisfatória é uma técnica simples que pode ser usada com crianças.

Criatividade tem a ver com achar maneiras de se comunicar efetivamente com a criança, para poder explicar conceitos ou questões de forma clara e divertida. É importante que o terapeuta mantenha seu foco terapêutico e não fique tão entusiasmado que perca de vista seu propósito. Ele também precisa se sentir à vontade com a idéia da criatividade. Vai ser preciso que ele pense e planeje na hora, "naquele momento e lugar", e algumas pessoas não se sentem à vontade, não se sentem confiantes com essa maneira de trabalhar. Nesses momentos, pode ser bom ver isso como um exercício, em que o terapeuta está verificando algumas maneiras de explicar o conceito, evitando assim a necessidade implícita de acertar. Abordar o processo dessa forma também significa que algumas idéias vão funcionar e outras não. Isso não é um sinal de fracasso terapêutico, e sim parte do inevitável ajuste do processo terapêutico à criança, uma parte intrínseca da TCC. E isso também não é responsabilidade exclusiva do terapeuta, é realizado em parceria com a criança – ambos vão descobrir juntos a maneira mais efetiva de se comunicarem.

> A criatividade do terapeuta adapta e ajusta os conceitos da TCC aos interesses da criança.

■ Investigação e experimentação

O conceito de descoberta e investigação orientadas é uma característica central da TCC. Ele se baseia na premissa de que os pensamentos e comportamentos serão modificados mais facilmente se os motivos para mudar vierem dos próprios *insights* da criança. Em essência, ela é incentivada a testar e experimentar as novas habilidades e maneiras de pensar, e verificar o que acontece. Alguns conceitos foram usados para capturar esse processo investigativo com a criança e incluem o conceito de Soldado I (Friedberg e McClure, 2002), o de Detetive Social (Spence, 1995) e o de Rastreador de Pensamentos (Stallard, 2002a). O Detetive Social, por exemplo, ensina um processo de três estágios para a solução de problemas sociais, em que a criança detecta, investiga e então resolve.

O relacionamento terapêutico precisa proporcionar à criança um lugar seguro que lhe permita explorar maneiras alternativas de se comportar e pensar. Esse processo investigativo é particularmente importante, e os experimentos comportamentais são uma excelente maneira de a criança testar diretamente suas crenças e suposições. O processo investigativo precisa ser um processo aberto de curiosidade e, como tal, é importante que o terapeuta suspenda julgamentos e idéias preconcebidas. Os experimentos não são realizados simplesmente para provar que a criança está errada, e sim para ajudá-la a testar a validade de suas cognições e a usar essas informações para descobrir significados novos ou diferentes. Na verdade, haverá momentos em que o experimento confirmará as predições da criança e essas são informações importantes para o terapeuta.

Adotar uma posição aberta de "Vamos tentar e ver o que acontece?" transmite à criança algumas mensagens importantes, pois:

- Constrói o processo colaborativo de trabalhar em parceria e aprender junto.
- Transmite um sentimento de averiguação e abertura.
- Salienta que existem muitas soluções possíveis ou maneiras de pensar sobre os eventos, desafiando assim o pensamento dicotômico de muitas crianças.
- Proporciona uma estrutura experimental que pode ser usada com outros problemas.
- Incentiva o aprender com os outros. "Você me disse que o Mike nunca teve esse tipo de problema, então o que ele faz numa situação assim?".

> A criança é encorajada a ser um investigador ativo que experimenta e avalia idéias e novas habilidades.

■ Autodescoberta e auto-eficácia

O conceito de auto-eficácia lança luz sobre o aspecto positivo, capacitador, da TCC. O objetivo da abordagem é ajudar a criança a descobrir e a desenvolver suas forças e habilidades. É importante manter esse foco positivo e capacitante, pois em qualquer terapia existe o risco de o foco estar no déficit, especialmente numa terapia que busca identificar processos cognitivos disfuncionais. Embora os processos disfuncionais precisem ser tratados, as forças e habilidades da criança precisam ser salientadas e, sempre que possível, aproveitadas e usadas para promover processos mais adaptativos e funcionais.

A criança, muitas vezes, ignora suas forças e pode ficar hesitante quando algumas de suas habilidades forem mencionadas. Em algumas ocasiões, isso pode ser devido à sua falta de confiança, à idéia de que ela é incapaz de se ajudar ou ao temor de não ter descoberto a resposta "certa". Nesses momentos, convém esclarecer que não existem respostas certas, que estamos tentando identificar idéias, idéias que poderão ajudar em algumas ocasiões e não em outras.

A criança pode ser ajudada a descobrir suas forças refletindo sobre experiências passadas.

- O que você fez que a ajudou a lidar com essa situação?
- Que tipo de coisa você achou útil?
- Há momentos em que isso não é tão ruim. O que você faz de forma diferente que ajuda?

Igualmente, no caso de crianças que acham muito difícil reconhecer suas forças e sucessos, o uso de diários positivos é particularmente útil. Eles incentivam a criança a buscar ativamente e a descobrir suas forças e habilidades e as coisas boas que acontecem e ela freqüentemente ignora. O foco positivo na auto-eficácia promove na criança a idéia de maestria. Com isso vêm maior motivação e a crença de que ela possui habilidades positivas, que podem ser usadas para efetuar mudanças.

A criança é solicitada a registrar, todos os dias, dois ou três acontecimentos positivos, e essa crescente lista lhe mostra que ela possui capacidades e pode ser bem-sucedida. Entretanto, algumas crianças podem estar fixadas em seu estilo cognitivo negativo e ter dificuldade para identificar qualquer coisa positiva. Nessas situações, é necessária a ajuda de uma terceira pessoa, para mostrar um ponto de vista objetivo capaz de desafiar a percepção distorcida da criança.

> A auto-eficácia é promovida ajudando-se a criança a identificar suas idéias e desenvolver suas habilidades.

■ Divertida e prazerosa

A terapia tradicional pode ser às vezes bastante monótona e aborrecida. Dadas as questões de engajamento apresentadas anteriormente, é importante assegurar que a TCC focada na criança seja divertida e continue prendendo o interesse da criança e mantendo sua motivação.

O processo de TCC com crianças pode ser menos didático do que com adultos, o que resulta em o terapeuta adotar um papel mais ativo nas sessões. Portanto, ele precisa garantir que a criança continue engajada e participando. Prestar atenção a algumas variáveis pode ajudar a garantir que o processo seja positivo e agradável.

- O bom humor pode ser usado no relacionamento terapêutico. Por exemplo, um terapeuta correu para buscar sua câmera fotográfica quando uma criança se descreveu como "alguém que sempre entende mal as coisas". O terapeuta voltou dizendo que jamais encontrara alguém que "sempre" entendia mal as coisas e, portanto, queria tirar uma foto. Essa intervenção rápida ajudou a criança a ver de maneira bem-humorada a distorção cognitiva que estava fazendo.
- Utilizar uma variedade de materiais é uma boa maneira de manter o interesse da criança e criar um senso de divertimento. Uma sessão que examina a ligação entre pensamentos e sentimentos pode começar com uma breve atualização verbal. Isso pode ser seguido pelo preenchimento de uma folha de exercícios e, depois, por um jogo em que a criança classifica cartões de pensamentos, sentimentos e comportamentos em pilhas separadas.
- Não faça sessões longas demais. Para muitas crianças, uma sessão de 50-60 minutos é longa demais e pode fazer com que fiquem entediadas e percam o interesse. Se isso acontecer, encurte um pouco a sessão.
- Se possível, torne a sessão mais ativa movendo-se pela sala. Faça alguma atividade no quadro-negro, sente-se e desenhe, acomode-se em um local mais confortável para conversar.
- Negocie tarefas. Durante cada sessão pode haver uma série de coisas diferentes que você quer fazer ou áreas que gostaria de trabalhar. Deixe isso claro e dê à criança alguma escolha em relação à ordem de realizar as atividades.

> Torne o processo terapêutico divertido e prazeroso e utilize materiais variados para manter o interesse da criança.

▶ O processo *PRECISE* na prática

■ Os pensamentos obsessivos de Ella

Ella é uma menina de 7 anos, encaminhada com TOC. Ella tinha muitos pensamentos obsessivos relacionados à segurança de sua família e apresentava diversos comportamentos compulsivos de verificar se tudo está seguro. Antes de ir para a cama, todas as noites, ela verificava se todas as janelas do apartamento estavam fechadas, se as portas estavam chaveadas, se os aparelhos elétricos estavam desligados da tomada e se o forno estava desligado. Depois de deitar, Ella continuava tendo esses pensamentos obsessivos e levava aproximadamente duas horas para adormecer. Ella costumava acordar duas ou três vezes durante a noite e, em cada ocasião, levantava e repetia seus comportamentos compulsivos de verificar se tudo está seguro.

Ella começou a TCC para tratar desses problemas, mas, durante uma sessão, sentia-se especialmente perturbada por seus pensamentos obsessivos e queria interrompê-los. Quando perguntei o que ela gostaria de fazer com seus pensamentos quando chegasse a hora de deitar, ela respondeu: "Eu gostaria de trancá-los em algum lugar para que eles não conseguissem chegar até mim". Isso foi discutido com mais detalhes e a idéia de Ella de como trancar as coisas seguramente em algum lugar se transformou na imagem de uma prisão. Ela via a prisão como um lugar em que as pessoas más ficavam trancadas e não podiam sair. A idéia de trancar seus maus pensamentos (preocupações) em algum lugar seguro, de modo que eles não pudessem sair, parecia uma metáfora útil. Conforme nós conversávamos, Ella começou a criar uma imagem de si mesma escrevendo seus pensamentos preocupantes no peito de um prisioneiro e trancando-o em uma cela todas as noites. Ella foi ajudada a descrever essa imagem em detalhes e conseguiu se enxergar escrevendo suas preocupações e depois trancafiando-as, para que elas não pudessem mais perturbá-la. Ella ficou muito entusiasmada com essa idéia e ansiosa para experimentá-la em casa.

Este breve resumo salienta os aspectos-chave do processo da TCC com crianças. O terapeuta trabalhou em *parceria* com Ella e ajudou-a a verbalizar suas idéias. Ella foi ajudada a criar uma metáfora concreta *de maneira apropriada em termos de desenvolvimento*: trancar suas preocupações em um local seguro, para que elas não pudessem mais perturbá-la. O terapeuta transmitiu *empatia* ao escutar realmente o que Ella tinha a dizer e ao repetir e lançar luz sobre o que ela falara. A idéia de ajudar Ella a controlar seus pensamentos foi *criativa* e a incentivou a *investigar* se a mudança era possível e se as suas idéias podiam ajudar. O processo foi capacitador para Ella e, ao aproveitar suas sugestões, promoveu o conceito de *auto-eficácia*, mostrando que ela tinha boas idéias para resolver seus problemas. Finalmente, o processo foi *divertido* e envolvente para Ella, que ficou altamente motivada a experimentar suas idéias na hora de dormir.

■ O pensamento negativo de Joshua

Joshua é um menino de 9 anos, encaminhado por seu pediatra com humor deprimido, ataques de pânico e ansiedade generalizada, problemas particularmente significativos na escola. Durante a avaliação, ficou claro que Joshua tinha várias cognições disfuncionais. Ele interpretava eventos ambíguos como ameaçadores, esperava que coisas ruins acontecessem, tendia a se concentrar em eventos negativos e não conseguia reconhecer seus sucessos. Um objetivo importante era ajudar Joshua a reconhecer seu viés negativo e investigar para ver se ele estava ignorando informações.

Joshua era um grande fã de Harry Potter. Ele tinha lido os livros muitas vezes e a idéia de magia o interessava muito. Durante uma sessão, nós exploramos algumas das idéias dos livros que poderiam ser usadas para ajudar Joshua a testar seus pensamentos e verificar se ele estava vendo o quadro inteiro ou notando apenas as coisas negativas. Joshua falou sobre o espelho de *Erised*, no qual Harry Potter conseguia ver tudo o que desejava. Nós desenvolvemos essa idéia, pensando em um espelho em que Joshua pudesse se olhar e descobrir as coisas positivas que deixava de lado. Joshua ficou muito interessado nessa idéia e foi para casa e fez um espelho. Ao voltar da escola para casa, ele contava à mãe o que acontecera e era então incentivado a ficar diante do seu espelho e "dar uma outra olhada". Nesse momento, Joshua encontrava as coisas positivas que ignorara. Isso se opôs às suas cognições iniciais negativas e proporcionou uma visão mais equilibrada dos acontecimentos. Joshua usava diariamente o seu espelho para verificar tudo o que acontecera. Ele começou a reconhecer seus vieses negativos, a desafiar seus pensamentos e a desenvolver uma maneira mais equilibrada de pensar.

Novamente, o terapeuta trabalhou em *parceria* com Joshua e o ajudou a expressar suas idéias. O processo de verificação de pensamentos foi realizado de maneira *apropriada em termos de desenvolvimento*, que tornou concreta a idéia de "dar uma outra olhada" pelo uso de um espelho mágico. A *empatia* foi usada para encorajar Joshua a expressar suas idéias e para compreender e partilhar o seu interesse em Harry Potter. A intervenção foi imaginativa e *criativa* e Joshua ficou motivado a *investigar* se estava deixando de lado informações importantes. A idéia do espelho veio de Joshua e, portanto, criou a idéia de *auto-eficácia*. A intervenção foi efetiva e *divertida*, e proporcionou a Joshua e sua mãe uma maneira muito prática de desafiar o pensamento tendencioso de Joshua.

■ A formulação de Adam

Adam tem 9 anos e foi encaminhado por seu pediatra devido à ansiedade e ataques de pânico na escola. Eles ocorriam na hora do almoço e resultavam na recusa de Adam em comer ou beber durante todo o dia escolar.

Durante a entrevista de avaliação, ficou claro que Adam se preocupava muito com sua aparência. Ele usava roupas de grife, luzes no cabelo e cuidava muito de sua aparência. Adam comentou que, quando sentava para almoçar na escola, tinha a impressão de que as outras crianças ficavam olhando para ele. Quando perguntei por que olhariam para ele, Adam disse que elas provavelmente achavam "que eu pareço feio ou há algo de errado em mim". Adam relatou alguns sintomas de ansiedade na hora do almoço, especialmente garganta seca, coração disparado, respiração ofegante e sudorese. Quando percebia isso, ele não conseguia comer o lanche e sentia vontade de sair do refeitório.

A avaliação continuou durante a segunda sessão e, perto do final, o terapeuta montou a seguinte formulação para descrever os problemas de Adam.

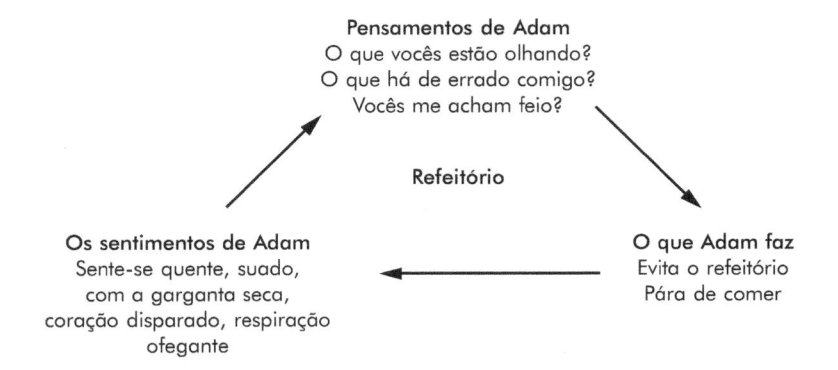

Refeitório

- **Pensamentos de Adam**
  O que vocês estão olhando?
  O que há de errado comigo?
  Vocês me acham feio?

- **Os sentimentos de Adam**
  Sente-se quente, suado, com a garganta seca, coração disparado, respiração ofegante

- **O que Adam faz**
  Evita o refeitório
  Pára de comer

Adam escutou com bastante interesse essa explicação, mas então comentou: "ela não está certa", e produziu a seguinte formulação alternativa:

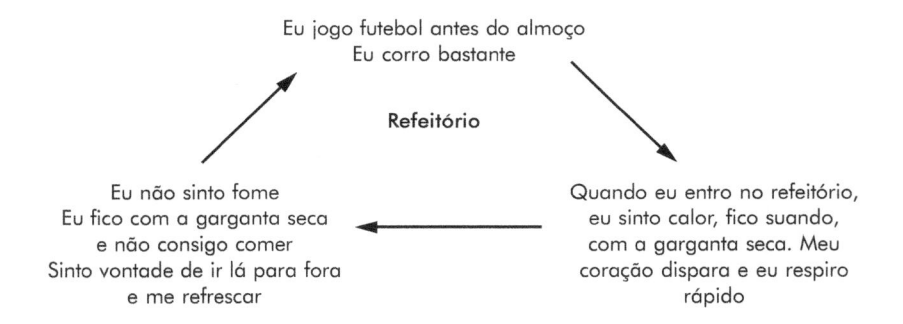

Refeitório

- Eu jogo futebol antes do almoço
  Eu corro bastante

- Eu não sinto fome
  Eu fico com a garganta seca e não consigo comer
  Sinto vontade de ir lá para fora e me refrescar

- Quando eu entro no refeitório, eu sinto calor, fico suando, com a garganta seca. Meu coração dispara e eu respiro rápido

A explicação de Adam fazia muito sentido. Embora não fizesse nenhuma referência às suas cognições, ele conseguiu integrar o que estava acontecendo com seus sentimentos e subseqüente comportamento. Adam estava claramente se sentindo à vontade e foi capaz de desafiar a explicação oferecida pelo terapeuta e propor suas idéias. Foi importante reconhecer a contribuição de Adam e facilitar um processo de descoberta orientada em que as duas alternativas puderam ser investigadas.

A necessidade de manter esse foco capacitante e objetivo se tornou especialmente importante quando a mãe de Adam, que estava presente durante a sessão, apoiou a explicação do terapeuta. Teria sido muito fácil o processo de colaboração se transformar em uma parceria entre os adultos que, com suas habilidades verbais superiores, poderiam ter argumentado e imposto sua explicação a Adam. Em vez disso, ambas as explicações foram destacadas como igualmente importantes e nós discutimos se seria possível criar um experimento para verificar qual das alternativas era a melhor explicação.

Adam concordou em monitorar o que aconteceria nos próximos três dias de chuva. As crianças não podiam brincar no pátio quando chovia e, portanto, Adam não iria jogar futebol. Se a explicação de Adam estivesse certa ele não ficaria com calor, pois não teria jogado futebol, e conseguiria almoçar. Se ele não conseguisse almoçar, então deveria haver alguma outra explicação. O experimento mostrou que, mesmo sem ter jogado futebol, Adam não conseguiu almoçar. Ele agora estava preparado para considerar uma explicação alternativa.

Novamente, este exemplo destaca alguns aspectos fundamentais do processo terapêutico. A *parceria* terapêutica primária continuou sendo com Adam. A formulação foi simples e adequada ao grau *de desenvolvimento correto,* para que Adam tivesse acesso a ela. O terapeuta adotou uma abordagem *empática* que, claramente, escutava e reconhecia o entendimento de Adam dos eventos. A proposta de testar as diferentes visões foi *criativa* e incentivou o uso de um processo *investigativo*. O experimento promoveu a *autodescoberta* e, acima de tudo, foi *divertido*.

> O processo *PRECISE* envolve:
> - Estabelecer uma PARCERIA terapêutica sincera com a criança.
> - Garantir que as intervenções e os conceitos sejam adaptados ao nível DESENVOLVIMENTAL CORRETO.
> - Utilizar boas habilidades de escuta e resumos para transmitir EMPATIA e interesse.
> - Ser CRIATIVO e desenvolver intervenções em torno das idéias e interesses da criança.
> - Promover objetividade facilitando uma abordagem INVESTIGATIVA.
> - Explorar as forças da criança e desenvolver o conceito de AUTO-EFICÁCIA.
> - Transformar a terapia em algo DIVERTIDO vai aumentar e manter a motivação da criança.

◀ CAPÍTULO SETE ▶

Adaptando a TCC à criança

▶ O debate sobre a capacidade cognitiva

Tem havido muito debate sobre a idade em que as crianças são capazes de participar da TCC. Alguns sugerem que os benefícios ótimos da TCC com crianças só serão atingidos quando ela tiver, no mínimo, 12 anos (Durlak et al., 1991, 2001). Isso implica que as habilidades cognitivas necessárias estão subdesenvolvidas ou ausentes em crianças mais jovens, que não teriam a base conceitual necessária para engajar-se na TCC (Shirk, 2001). Outros sugerem que a questão não é se as crianças mais jovens possuem as habilidades cognitivas ou conceituais necessárias, e sim se a TCC foi modificada e oferecida de maneira adequada, em termos desenvolvimentais, para que a criança tenha acesso a ela (Friedberg et al., 2000; Ronen, 1997; Stallard, 2002b). Esta perspectiva sugere que as crianças podem se beneficiar da TCC a partir dos 7 anos, se as técnicas forem adaptadas adequadamente.

■ Quais são as demandas cognitivas da TCC?

Ao considerar essa questão, convém pensar sobre as demandas cognitivas da TCC, e não sobre a idade cronológica da criança ou seu nível de desenvolvimento cognitivo. Para participar da TCC, a criança precisa ser capaz de realizar algumas tarefas fundamentais (Shirk, 2001). Ela precisa ser capaz de:

- monitorar estados afetivos;
- refletir sobre pensamentos automáticos;
- distinguir e compreender o vínculo entre pensamentos e sentimentos;
- engajar-se na avaliação dos pensamentos e na reestruturação cognitiva.

Cada uma dessas tarefas fundamentais apresenta desafios significativos, especialmente para as crianças mais jovens. Elas podem ter dificuldade para distinguir diferentes estados emocionais (Piacentini e Bergman, 2001); a capacidade de metacognição está evoluindo durante a infância e pode não estar suficientemente desenvolvida na criança pequena (Durlak et al., 2001; Shirk e Russell, 1996); a criança pode ter dificuldade para atribuir emoções e comportamentos a processos cognitivos internos em vez de a eventos externos (Shirk, 2001); a criança tende a usar estratégias específicas para um problema quando enfrenta alguma dificuldade, em vez de engajar-se em um processo mais geral de reestruturação cognitiva (Vernberg e Johnston, 2001). Essas observações sugerem que a criança pequena talvez ainda não seja capaz, em termos de desenvolvimento, de participar inteiramente da TCC.

Mas será que as habilidades acima são um pré-requisito para a TCC? Ou será que elas podem ser tratadas e ensinadas como parte da intervenção? Por exemplo, a criança pode ser ensinada a distinguir diferentes estados emocionais com a ajuda de folhas de exercícios sobre sentimentos, e aprender a prestar atenção a expressões faciais, postura corporal e comportamentos (Stallard, 2002a). Igualmente, sua consciência dos estados emocionais pode ser aumentada pelo uso de dicionários emocionais que ela mesma constrói com fotos de jornais ou revistas, ou jogos de adivinhação em que ela precisa encenar várias emoções (Friedberg e McClure, 2002). Em termos de acessar pensamentos, a criança é capaz de verbalizar seus pensamentos, ou indiretamente por meio de brincadeiras e conversas ou, mais diretamente, por meio de exercícios ou balões de pensamento. Crianças de apenas 3 ou 4 anos, com algum treinamento preliminar, são capazes de compreender que os balões de pensamento representam o que a pessoa está pensando (Wellman et al., 1996). Da mesma forma, estudos mostram como crianças com menos de 7 anos distinguem entre pensamentos, sentimentos e ações, e reconhecem que os pensamentos são subjetivos e, portanto, que duas pessoas podem ter pensamentos diferentes sobre o mesmo evento (Quakley et al., 2004; Wellman et al., 1996). Em termos de autoconsciência, Flavell e colaboradores (2001) sugerem que as crianças são capazes de reconhecer o próprio discurso interno por volta dos 6 anos de idade. Então, o conceito de conversar consigo mesmo e o uso da fala interna positiva, que constitui uma parte fundamental de muitas intervenções, é um método acessível e familiar para a criança pequena. Finalmente, em termos de reestruturação cognitiva, a TCC com crianças mais jovens pode requerer uma abordagem mais específica para o problema, uma vez que elas talvez não sejam capazes de reconhecer regras amplas ou de generalizar suas estratégias para outras situações (Stallard, 2004). O foco em problemas específicos não é raro na TCC focada na criança. Na verdade, o foco no problema, no tempo presente, é um fator que torna esta intervenção atraente para as crianças.

Essas observações sugerem que as crianças pequenas realmente possuem a capacidade de realizar muitas das tarefas necessárias na TCC. A falta de capacidade que muitos percebem nelas pode refletir o fato de que o terapeuta não forneceu à criança informações suficientes ou não foi suficientemente claro em relação ao que se espera que elas façam (Grave e Blissett, 2004; Siegal, 1997). Instruções claras e simples e o aproveitamento de atividades e eventos familiares do cotidiano da criança aumentam a probabilidade de crianças mais jovens se engajarem e participarem ativamente da TCC.

> Crianças mais jovens podem se engajar em muitas das demandas centrais da TCC se os métodos forem simplificados, tornados concretos e adaptados ao seu desenvolvimento.

■ Uma alternativa pragmática

Indubitavelmente, o debate acadêmico e teórico sobre a capacidade cognitiva da criança de se engajar na TCC vai continuar. De uma perspectiva clínica, Bolton (2004) oferece uma solução pragmática para a pergunta sobre o papel que as cognições da criança desempenham em seus problemas e, portanto, se elas precisam ser tratadas. Bolton (2004) sugere que a principal tarefa durante a avaliação é identificar "que tipos e conteúdos de apreciação operam na criação e/ou manutenção dos problemas apresentados por aquela criança específica".

Em conseqüência, independentemente da idade da criança ou de seu nível de desenvolvimento cognitivo, se estiverem presentes cognições ou processos disfuncionais, eles precisam ser tratados durante o curso da terapia. A questão de a criança possuir ou não as habilidades cognitivas necessárias para se engajar na TCC passa a ser menos importante. Ao mesmo tempo em que oferece uma solução prática e potencialmente útil para um problema complexo, isso também salienta a necessidade de garantir a realização de uma avaliação completa, de maneira sensível e apropriada em termos desenvolvimentais. Sem uma avaliação cuidadosa não é possível confirmar ou descartar a presença ou o papel potencial de cognições ou processos desadaptativos. Portanto, é preciso que o terapeuta utilize uma variedade de métodos verbais e não-verbais adequados em termos de desenvolvimento durante o processo de avaliação.

> Se estiverem evidentes processos cognitivos disfuncionais, é clinicamente importante que eles sejam tratados durante a intervenção.

▶ Adaptando a TCC para o uso com crianças

Há uma ampla aceitação, entre os praticantes da TCC focada na criança, de que o método verbal predominante de terapia desenvolvido para o trabalho com adultos precisa ser criativamente adaptado e modificado para uso com crianças (Friedberg et al., 2000; Ronen, 1997; Shirk, 2001). Ronen (1997) enfatiza a necessidade de o terapeuta considerar cuidadosamente a melhor maneira de usar a terapia cognitiva com crianças de diferentes níveis de desenvolvimento. Friedberg e colaboradores (2000) observam que a TCC pode ser insensível às diferenças de desenvolvimento e, a menos que seja adequadamente modificada, pode exceder a capacidade da criança. Essa opinião é compartilhada por Reinecke e colaboradores (2003), segundo os quais a criança pode não possuir a sofisticação lingüística, social ou cognitiva necessária para se beneficiar de um modo predominantemente verbal de TCC.

Em termos de processo, conforme salientado no capítulo precedente, é preciso garantir que a TCC seja divertida e não maçante (Stark et al., 1996). Friedberg e McClure (2002) observam que o processo terapêutico tradicional de sentar em uma cadeira e conversar com um terapeuta pode ser desconfortável e estranho para muitas crianças. Assim, é necessário esclarecer explicitamente a natureza e as expectativas do processo terapêutico. Isso, geralmente, é feito de maneira menos didática do que com adultos, e o terapeuta assume um papel mais ativo. Com crianças reticentes ou pouco acessíveis, o terapeuta pode adotar uma abordagem retórica e refletir, em voz alta, sobre uma gama de possibilidades para a criança escolher. Finalmente, Bailey (2001) sugere que temos de estar atentos ao ritmo das sessões de tratamento e que a duração das sessões talvez tenha de ser encurtada para não exceder o intervalo de atenção da criança.

> É necessário adaptar os métodos, estilo e processo de terapia ao grau de desenvolvimento da criança.

As idéias e os métodos da TCC podem ser adaptados de várias maneiras para se tornarem mais adequados em termos de desenvolvimento.

■ Jogos

Jogos são uma atividade com a qual as crianças estão familiarizadas e fornecem ao terapeuta um ótimo método de comunicação. Jogos podem ser usados, por exemplo, para mostrar a diferença entre pensamentos e sentimentos ou para salientar as conexões entre vários aspectos do modelo cognitivo. Friedberg e colaboradores (2000) descrevem um jogo de classificação de cartões que ajuda a criança a diferenciar pensamentos de sentimentos e situações. Durante a avaliação, o terapeuta observa os pensamentos, sentimentos ou situações que são importantes para a criança e os seus problemas atuais, e os escreve em cartões. A criança é convidada a participar de um jogo em que precisa classificá-los em categorias (por exemplo, pensamentos, sentimentos e situações) o mais rápido possível. Este jogo é psicoeducacional e a criança pode ser ajudada a examinar as ligações entre as diferentes pilhas de cartões.

Friedberg e McClure (2002) sugerem um jogo chamado "Cesta de basquete dos pensamentos-sentimentos" como uma maneira de apresentar às crianças as habilidades de automonitoramento. A criança deve jogar uma bola ou uma bola de papel amassado através do aro de uma cesta de basquete ou para dentro de uma cesta de lixo. A cada jogada que faz, ela tem de compartilhar seus pensamentos ou sentimentos com o terapeuta. O jogo pode ser incrementado. O terapeuta pode aumentar a pressão (por exemplo, "Desta vez, você precisa marcar um ponto"). Ele é usado para acessar e testar as predições da criança em relação a acertar ou errar ("Eu não estou me sentindo muito confiante"), ou para desafiar algumas das atribuições negativas da criança a respeito de si mesma (por exemplo, "Eu nunca acerto").

Barrett e colaboradores (2000b) usam um jogo para ajudar a criança a aprender os passos envolvidos na solução de problemas. Apresenta-se à criança uma série de materiais, que ela vai usar para levar um balão de um lado da sala para o outro o mais rápido possível, sem tocar nele com as mãos ou os pés. Ela aprende uma abordagem de seis estágios: definir o problema; identificar possíveis soluções; considerar as conseqüências potenciais de cada solução; usar essas informações para selecionar a melhor solução; testá-la e, depois, avaliá-la. Esse é um exercício divertido e concreto que ajuda a criança a compreender os passos envolvidos na solução de problemas.

Finalmente, Ronen (1992) descreveu como ela utilizou um jogo de soldados com um menino de 6 anos, que apresentava encoprese, para explicar os conceitos de pensamentos automáticos (isto é, fazer alguma coisa sem pensar naquilo) e pensamentos mediados (um sinal enviado ao corpo pelo cérebro). O objetivo era ajudar a criança a compreender que fazer cocô nas calças era um comportamento dirigido por seu cérebro e, portanto, sua responsabilidade, e não uma "doença", "azar", ou alguma coisa que acontecia "contra a sua vontade". Durante o jogo, o conceito foi explicado como um comandante (cérebro) que envia ordens (pensamentos mediados) aos seus soldados (corpo da criança).

Finalmente, questionários e testes são maneiras divertidas e úteis de trabalhar com crianças e permitem que avaliemos o que ela aprendeu. "Quais são os erros de pensamento?", incluído no final do capítulo, exemplifica um teste curto que pode ser usado com crianças para identificar vieses cognitivos negativos comuns.

> Jogos são familiares para as crianças e constituem uma maneira divertida e adequada em termos de desenvolvimento de comunicar os conceitos e as estratégias da TCC.

■ Marionetes

Marionetes são uma forma atraente e efetiva de comunicação, especialmente com crianças pequenas. Elas podem ser usadas para:

- facilitar conversas como parte do processo de avaliação;
- modelar maneiras alternativas de lidar com situações difíceis ou
- fazer com que a criança ensaie e pratique novas habilidades.

Durante a avaliação, crianças mais jovens podem ter dificuldade para conversar com o terapeuta sobre seus problemas, e podem se sentir mais relaxadas e à vontade conversando com uma marionete ou por meio dela. Knell e Ruma (2003), por exemplo, observam que crianças pequenas sexualmente abusadas acham difícil falar sobre o abuso. Igualmente, Kane e Kendall (1989) comentam que as crianças pequenas têm dificuldade para descrever suas cognições, mas geralmente são capazes de descrever o que uma outra pessoa na mesma situação poderia estar pensando. Nessas duas situações, as marionetes podem ser uma maneira útil de ajudar a criança a se sentir relaxada, e uma maneira apropriada em termos desenvolvimentais de facilitar uma conversa capaz de esclarecer o que aconteceu ou identificar o que a criança está pensando.

Knell e Ruma (2003) esclarecem que o terapeuta pode usar marionetes ou fantoches para estruturar uma brincadeira ou para discutir questões relevantes para a criança. O terapeuta utiliza a marionete para estabelecer um *rapport* com a criança e depois pede a ela que conte ao fantoche o que aconteceu. Alternativamente, o fantoche pode fingir ter experiência com uma situação semelhante e pedir à criança que adivinhe o que ele está pensando ou como está se sentindo em relação ao evento.

Em segundo lugar, as marionetes podem ser usadas para revelar processos ou emoções disfuncionais e para ensinar e modelar habilidades de manejo mais adaptativas. O fantoche finge ser a criança e mantém com o terapeuta uma conversa sobre os seus problemas. O fantoche verbaliza cognições negativas potencialmente importantes, que o terapeuta identifica. O terapeuta, então, fala persuasivamente com a marionete sobre os seus problemas e modela processos cognitivos mais funcionais ou habilidades alternativas mais úteis. Essa é uma maneira indireta e não-crítica de esclarecer para a criança suas cognições ou comportamentos prejudiciais, que as ajuda a considerar estratégias alternativas mais benéficas.

Finalmente, conforme identificado por Friedberg e McClure (2002), as marionetes podem ser usadas para engajar a criança no processo de questionamento socrático e técnicas de auto-instrução. Eles relatam um diálogo em que o terapeuta e a criança usaram marionetes para encenar uma situação em que uma das marionetes é ajudada a controlar seus sentimentos de raiva usando estratégias cognitivas como "Desligue a chama do seu fogão furioso". Esse cenário constituiu uma maneira divertida de ensaiar e modelar o uso da fala interna positiva.

Embora os fantoches sejam um método útil de comunicação, o terapeuta precisa assegurar que seu uso se mantenha simples e claro. As crianças podem ficar confusas se forem solicitadas a usar a marionete para representar a si mesmas (Salmon e Bryant, 2002). Assim, é importante que os fantoches sejam usados como um representante do terapeuta, ou como um modelo em que os processos disfuncionais da criança são salientados e outras habilidades de enfrentamento são demonstradas.

> Marionetes ou fantoches são uma maneira de esclarecer comportamentos, avaliar cognições, modelar novas habilidades e praticar maneiras mais funcionais de lidar com problemas.

■ Narração de histórias

Contar histórias é um método familiar de comunicação para as crianças e constitui um meio desenvolvimentalmente apropriado que as crianças podem usar para descrever suas experiências, pensamentos e sentimentos (Brandell, 1984; Gardner, 1971). A narração de histórias pode:

- fornecer *insight* sobre o mundo interno da criança;
- fornecer uma maneira de externalizar e acessar as cognições da criança;
- fornecer uma oportunidade para desafiar indiretamente as cognições e os processos cognitivos da criança de forma não-crítica;
- apresentar à criança habilidades positivas e mais funcionais de manejo e cognição;
- ser usada para modelar o sucesso;
- ajudar a criança a desenvolver suposições e crenças mais funcionais.

As crianças estão familiarizadas com o conceito de histórias. À medida que crescem, elas desenvolvem sua própria história de vida, a narrativa que usam para descrever e compreender experiências passadas. Essa narrativa fornece a estrutura básica que utilizam para filtrar informações em novas situações e para fazer predições sobre eventos futuros.

A narração de histórias na TCC pode ser usada como método avaliativo ou terapêutico. Em termos de avaliação, as histórias podem ser usadas para identificar os sentimentos, comportamentos, pensamentos automáticos, crenças e suposições da criança. Terapeuticamente, elas podem ajudar a criança a considerar novas informações ou visões e perspectivas alternativas. A nova história é então integrada à estrutura cognitiva da criança, ajudando-a assim a construir uma nova narrativa sobre si mesma, seu desempenho e seu mundo.

■ Avaliação

As histórias podem assumir uma forma semi-estruturada em que os problemas da criança são focados diretamente, ou um formato mais aberto em que a criança escolhe o conteúdo e cria uma história de sua escolha.

Histórias orientadas de avaliação

Histórias semi-estruturadas são criadas conjuntamente com o terapeuta e constituem uma oportunidade para fazer perguntas que avaliam diretamente como a criança pensa, sente ou se comporta. Por exemplo, Zara, uma criança infeliz que se sentia intimidada na escola, foi convidada a contar uma história sobre uma ursinha que tinha muito medo de ir à escola. A história começou assim:

TERAPEUTA: Vamos contar uma história sobre uma ursinha que acabou de ir para uma nova escola?
ZARA: OK.
TERAPEUTA: Como você gostaria que a ursinha se chamasse?
ZARA: Little Brownie.
TERAPEUTA: Então, onde Little Brownie mora e como ela é?
ZARA: Little Brownie mora em uma moita embaixo de uma pequena árvore. Ela mora com sua mãe e seu irmão. Little Brownie não é muito boa em esportes e jogos, e não conversa muito com os outros ursos.
TERAPEUTA: Little Brownie tem amigos?
ZARA: Não, ela é nova na vizinhança e ainda não fez amigos.
TERAPEUTA: E Little Brownie vai à escola?
ZARA: Sim, e hoje é o primeiro dia de escola.
TERAPEUTA: Uau, seu primeiro dia! Eu estou ansioso para saber o que vai acontecer.
ZARA: Bem, a mãe de Little Brownie vai levá-la para a escola. Quando ela chegar ao portão da escola, vai ficar muito apavorada. Vai começar a chorar e vai querer ficar com sua mãe. Ela não vai querer entrar na escola.
TERAPEUTA: Little Brownie parece realmente apavorada. Eu gostaria de saber o que a apavora tanto.
ZARA: Ela não conhece ninguém na escola e não é muito boa em fazer amigos.
TERAPEUTA: Então, o que Little Brownie acha que vai acontecer se ela entrar na escola?
ZARA: Oh, o que sempre acontece.
TERAPEUTA: O que sempre acontece?
ZARA: Sim, os outros ursos vão querer saber de onde ela vem, por que ela não tem um pai e vão rir dela, porque ela fala muito baixinho.

A história começou a esclarecer a importância de algumas experiências passadas de Zara e suas atuais preocupações. O pai de Zara era um toxicômano que regularmente invadia casas da vizinhança e aterrorizava a mãe, exigindo dinheiro para financiar seu vício. O resultado disso era a família ter de se mudar freqüentemente de casa e Zara freqüentar várias escolas diferentes. Em cada ocasião, as outras crianças faziam perguntas sobre a sua família e seu pai, perguntas que Zara tinha muita dificuldade para responder. Ela relutava cada vez mais em ir à escola e ficava muito perturbada pela manhã, quando tinha de se separar da mãe.

Histórias abertas de avaliação

Como alternativa à abordagem orientada semi-estruturada, a narração de histórias pode ser mais aberta. A criança pode ser convidada a escolher alguns brinquedos, animais fofinhos, bonecas ou marionetes e usá-los para criar uma história. Pede-se que crie uma história nova, que ela nunca ouviu antes, com início, meio e fim. A história tem de ter uma moral e é dito que algumas das coisas que acontecem em sua história talvez também tenham acontecido a ela. A criança decide sobre o conteúdo da história e o terapeuta facilita a sua construção, fazendo perguntas para ajudá-la a criar sua história, podendo haver estímulos gerais ("O que aconteceu depois?"), esclarecimentos de detalhes ("E como ela se chamava?"), reflexões ("Parece que ela estava muito apavorada") ou resumos ("Então ela conseguiu subir na montanha, encontrar a caverna e passar pelos três dragões"). Durante a história, o terapeuta precisa prestar muita atenção ao conteúdo:

- O local onde a história se passa, por exemplo, lugares sombrios e assustadores, onde a criança está sozinha, ou um lugar mais agradável com outras pessoas.
- Os sentimentos dominantes, por exemplo, raiva, medo, infelicidade.
- Os temas principais, como fracasso, vitimização, abandono.
- A natureza de relacionamentos importantes, como pais que não são capazes de cuidar dela.
- Suposições, crenças ou vieses cognitivos importantes, por exemplo, "Por mais que tente, você sempre faz mal as coisas."

■ Histórias terapêuticas

A narração de histórias também pode ser usada como uma técnica terapêutica. Isso envolve o terapeuta contar uma história que vai ajudar a criança a considerar e assimilar novas informações à sua própria narrativa de vida. Depois que a criança criou sua história, o terapeuta conta outra, parecida, em que existe uma solução alternativa melhor ou são demonstradas habilidades de enfrentamento mais positivas. A história, portanto, fornece os meios pelos quais a criança pequena poderá se engajar no processo de raciocínio indutivo, em que será ajudada a considerar informações novas ou ignoradas. Essa reconstrução da história da criança a ajuda a desenvolver uma narrativa nova, mais equilibrada e funcional, sobre si mesma, seu desempenho e seu futuro.

Uma história terapêutica efetiva precisa complementar a narrativa da criança, corrigindo qualquer inexatidão factual ou atribuição causal. A história introduz novas informações ou habilidades úteis, que podem ser assimiladas à narrativa de vida da criança para promover cognições mais equilibradas e funcionais. Para conseguir isso, a criança precisa ser capaz de relacionar-se com os personagens da história e ver seus problemas, cognições, sentimentos e comportamentos como semelhantes aos dela. A metáfora é o meio pelo qual o terapeuta facilita a mudança. Ela fornece o vínculo entre antigos e novos conhecimentos, oferecendo uma percepção ou um enfrentamento diferentes.

A tartaruga Toots

Depois que Zara criou sua história sobre Little Brownie, o terapeuta sugeriu outra história. O principal personagem dessa história era Toots, uma tartaruga que gostava de dar longas caminhadas. Um dia, ela foi muito longe e acabou num campo que estava cheio de coelhos. Toots tinha uma aparência bem diferente da dos coelhos. Eles se amontoaram em torno dela, querendo ver o novo animal, e começaram a fazer perguntas, falando todos ao mesmo tempo. "De onde você é?" perguntou o primeiro coelho. "Qual é o seu nome?" indagou o segundo. "O é isso em suas costas?" quis saber um coelho com aparência assustadora, enquanto outro perguntava "Onde estão sua mãe e seu pai?" Toots não gostou de todas essas perguntas. Os coelhos estavam apenas sendo amistosos e queriam conhecer o novo animal, mas Toots percebeu que estava com muito medo. Ela escondeu a cabeça dentro do casco. Dentro do casco estava escuro, mas ela se sentiu segura. Ela agora não via os coelhos nem escutava suas perguntas, de modo que ficou dentro do casco e acabou adormecendo. Quando acordou, pôs a cabeça para fora do casco. Os coelhos tinham ido embora e tudo estava quieto. Subitamente, um dos coelhos pulou e sentou-se ao seu lado. "Oi," disse ele. "Oi," respondeu Toots, baixinho. "Meu nome é Springer", o coelho falou. "Meu nome é Toots", disse ela num tom um pouquinho mais alto. Logo eles estavam conversando e rindo juntos. "Eu estou muito contente por você ter saído do seu casco de novo", disse Springer. "Se você continuasse dentro do casco, nós não teríamos conversado e ficado amigos". Toots estava muito satisfeita por ficar amiga de Springer e percebeu que o sentimento de medo em sua barriga tinha desaparecido.

Nesta história, Toots era uma personagem semelhante à Zara. Ambas se descobriram numa situação nova e ficaram apavoradas com tantas perguntas que lhes foram feitas. Ambas lidaram com a situação fazendo algo que lhes dava segurança: Toots escondendo a cabeça dentro do casco e Zara recusando-se a se separar da mãe e ir à escola. Embora isso fizesse com que se sentissem melhor, não as ajudava a superar seus problemas nem a fazer novos amigos. Conforme Toots descobriu, foi só quando ela enfrentou seus medos saindo do casco que constatou que os coelhos estavam apenas sendo amigáveis.

Livros de histórias

Há alguns livros de histórias que podem ser usados como adjuntos na TCC. Eles ajudam a criança a compreender seus problemas e sintomas e lançam luz sobre algumas maneiras de aprender a superá-los. Com o tempo, o terapeuta vai formar sua biblioteca de livros úteis, mas queremos sugerir alguns livros divertidos e benéficos. *The huge bag of worries* (Virginia Ironside, 2003) é um livro para crianças com menos de 11 anos que as ajuda a reconhecer que as preocupações aumentam e crescem, a menos que sejam enfrentadas. *The school wobblies* (Chris Wever, 1999) tem ótimas tiras em quadrinhos que agradarão aos adolescentes. Ele descreve o tipo de preocupação que as crianças têm que as impede de ir à escola, e vários truques que podem ser usados para enfrentá-las. *The secret problem*, também de Chris Wever (2000), é apresentado em um estilo similar. Ele focaliza o TOC e mostra como comportamentos compulsivos podem ser expulsos. Finalmente, *The panic book* (Neil Phillips, 1999) utiliza divertidas tiras em quadrinhos e palavras para descrever transtornos de pânico e mostrar como situações preocupantes precisam ser desafiadas e enfrentadas, em vez de evitadas.

> Podemos usar histórias para identificar importantes cognições, sentimentos e comportamentos ou, terapeuticamente, como uma maneira de ajudar a criança a prestar atenção a novas informações ou habilidades vantajosas.

▶ Visualização

As crianças pequenas têm ótima imaginação e geralmente são capazes de participar de métodos que envolvem visualização, a criação de uma imagem detalhada que pode ser utilizada como parte da avaliação ou do processo terapêutico.

■ **Avaliação**

Como método de avaliação, a visualização pode ser usada para identificar possíveis sentimentos e cognições. Eventos esportivos podem ser a base para criarmos imagens com as quais a criança está familiarizada.

- Por exemplo, podemos pedir à criança que crie a imagem de uma cobrança de pênalti em um jogo importante de um campeonato. A criança pode dar o nome de seu jogador de futebol favorito e depois imaginar que ele está diante do gol, em frente ao goleiro. É o pênalti final que vai decidir a vitória ou a derrota. A bola está na marca e o jogador olha para o gol. Pergunta-se à criança o que o jogador pode estar sentindo ou pensando enquanto corre para marcar o pênalti. Podemos continuar explorando a imagem perguntando o que jogador pensaria e sentiria caso marcasse ou perdesse o gol.
- Os jogos olímpicos são outra possível fonte de imagens conhecidas, que podem ser usadas para lançar luz sobre diferentes sentimentos (por exemplo, antes e depois do evento) e pensamentos prejudiciais ou benéficos.

Se a criança tiver dificuldade para criar uma imagem mental, o terapeuta pode juntar figuras de revistas ou jornais e montar uma biblioteca de sugestões visuais para facilitar o diálogo.

■ **Imagens de enfrentamento**

A visualização e imaginação também podem ser usadas, terapeuticamente, como um método de combater emoções desagradáveis ou prejudiciais ou para reavaliar cognições. No capítulo anterior, foi apresentado o exemplo de um menino que visualizou um espelho mágico, que o ajudou a questionar seus processos cognitivos com viés negativo e promoveu um pensamento mais equilibrado. Embora a imaginação possa ser usada como uma maneira de ajudar a criança a desafiar cognições distorcidas, é mais freqüentemente utilizada como uma maneira de promover o controle sobre emoções desagradáveis, como raiva ou ansiedade.

Modificando o conteúdo emocional de situações problemáticas

A imagem mental emotiva foi descrita por Lazarus e Abramovitz (1962) como "aquelas classes de imagens que imaginamos despertar sentimentos de auto-asserção, orgulho, afeição, contentamento e respostas semelhantes inibidoras da ansiedade". A imagem mental emotiva é usada como parte da dessensibilização sistemática. A criança cria imagens adaptativas que lhe permitem enfrentar e superar seus problemas. A imagem resultante fornece à criança um método para se opor a emoções desagradáveis ou uma maneira de mudar o conteúdo emocional de situações problemáticas.

Em seu artigo original, Lazarus e Abramovitz (1962) descrevem o processo como envolvendo os seguintes passos:

- Os medos da criança são avaliados e é criada uma hierarquia de medos.
- São identificadas as imagens de herói da criança.
- A criança é solicitada a imaginar uma história baseada em seus problemas, em que o seu herói ou heroína é apresentado/a como um modelo de enfrentamento.

- A história deve despertar uma resposta emocional agradável na criança.
- Começando com o medo que provoca menos ansiedade, os medos da criança são introduzidos na imagem à medida que ocorre o processo de dessensibilização sistemática.

Em um caso, um menino com medo do escuro foi ajudado por seus super-heróis de histórias em quadrinhos. Ele foi solicitado a imaginar que era um agente especial trabalhando para o Super-homem e o Capitão Silver. Foi dito que ele estava numa missão secreta, de modo que, quando recebesse uma mensagem dos super-heróis, teria de ir sozinho a um determinado lugar. O menino recebeu várias mensagens: começou imaginando-se numa sala tenuemente iluminada até ser capaz de se imaginar, sem nenhum desconforto, esperando num banheiro escuro, sozinho, pela próxima mensagem do Super-homem.

A imagem mental emotiva também pode ser utilizada para substituir a raiva pelo riso. Este conceito pode ser familiar para as crianças que leram as histórias de J.K. Rowling sobre o menino mágico Harry Potter. No terceiro livro, Harry aprende a superar seus maiores medos (por exemplo, Boggarts) pelo riso. A imagem assustadora é transformada em uma imagem humorística. A imagem apavorante de uma aranha pode ser transformada se a visualizarmos usando um *tutu* de dançarina de balé, grandes botas e um chapéu engraçado.

Imagens tranqüilizadoras

Imagens relaxantes são uma ótima maneira de controlar sentimentos ansiosos ou desagradáveis. O processo requer que a criança imagine e descreva seu lugar repousante, calmante ou feliz. A imagem é criada no tempo presente e descrita na primeira pessoa. O lugar pode ser real ou imaginário, mas precisa ser um lugar onde a criança se sinta contente e segura. Ela é solicitada a desenhá-lo ou a descrevê-lo detalhadamente para o terapeuta. O papel do terapeuta é ajudar a criança a criar uma imagem nítida e vigorosa, tornando-a tão detalhada e real quanto possível. O terapeuta incentiva a criança a prestar atenção às cores, formas, texturas, cheiros e sons, criando assim uma imagem multissensorial. Depois de criada e exercitada, a imagem pode ser usada para anular e controlar sentimentos ansiosos ou desconfortáveis.

A imagem calmante de Aisha

A imagem calmante de Aisha era a cafeteria de uma amiga de sua mãe, situada em uma pequena cidade à beira-mar.

- Primeiro, Aisha foi ajudada a descrever a imagem com o máximo possível de detalhes.
    - "A cafeteria fica num pequeno pátio atrás das lojas. Há três mesas do lado de fora onde as pessoas podem sentar. Quando se entra na cafeteria, há mais cinco mesas e depois um balcão, onde se pode comprar todo tipo de bebidas e doces."
- Aisha foi ajudada a descrever o interior da cafeteria com mais detalhes.
    - "Há alguma coisa sobre as mesas?" "Sim, sobre cada mesa há uma toalha xadrez vermelha e branca. Há um açucareiro branco e uma flor vermelha num vaso."

- "Há janelas ou cortinas?" "Sim, toda a frente da cafeteria é de vidro, de modo que se pode olhar para fora. Nas janelas há cortinas em xadrez vermelho e branco."
- "Que tipos de doces se pode comprar?" "Podemos comprar bolinhos caseiros, bolo de frutas, bolo de cenoura e um delicioso bolo de chocolate com calda."
- "E esses bolos estão inteiros ou cortados em fatias?" "Os bolos já estão cortados em fatias grossas."
- "Qual é o seu favorito?" "O bolo de chocolate."
- "E como é esse bolo?" "Ele tem uma cor linda, bem escura, com calda de chocolate saindo do meio. É macio, fofinho e tem um gosto maravilhoso."

■ Aisha foi então incentivada a escutar os sons.
- "Há um córrego do lado de fora e a gente escuta o barulho da água correndo. Dentro, as pessoas estão conversando e tem uma música tocando ao fundo."

■ Aisha foi incentivada a sentir cheiros.
- "Por todo o lugar se sente o cheiro de café recém-moído."

A criação da imagem continuou até haver detalhes suficientes para que Aisha se sentisse relaxada e segura. Isso foi praticado com o terapeuta em algumas ocasiões e depois foi utilizado por Aisha quando ela se sentia ansiosa e precisava relaxar.

A imagem bem-humorada de Anthony

Anthony, 15 anos, metia-se freqüentemente em encrencas na escola e agora corria o risco de ser expulso. Ele era grosseiro com os professores e, quando corrigido, ficava com raiva, atirava a mochila e os livros pela sala de aula, chutava mesas e saía correndo da sala. Os incidentes mais sérios aconteceram com um mesmo professor. Anthony não gostava desse professor e achava que ele, injustamente, pegava muito no seu pé. Ele entrava nessas aulas já esperando uma discussão e determinado a ter a primeira e a última palavra. Anthony reconhecia que isso não o ajudava em nada e ficou interessado em investigar se a criação de imagens poderia ajudá-lo a permanecer calmo.

Durante a avaliação, Anthony mencionou ter visto recentemente esse professor vestido como um elfo, numa apresentação de teatro da escola. Ele achou essa imagem muito engraçada e conseguiu descrever com detalhes como o professor estava vestido. Nós decidimos experimentar para ver se Anthony seria capaz de usar essa imagem para permanecer calmo, substituindo sua raiva por bom humor. Anthony, então, conjurava a imagem quando entrava na sala onde teria aula com esse professor ou quando sentia que estava começando a ficar com raiva. A imagem bem-humorada ajudava Anthony a permanecer calmo. Era mais difícil ele se irritar ou levar a sério o que percebia como comentários críticos do professor quando este tinha uma aparência tão ridícula.

> A criação de imagens pode ser usada na TCC para avaliação e para anular emoções desagradáveis ou disfuncionais.

■ Métodos não-verbais

O intervalo de atenção, a memória e a capacidade lingüística da criança estão em constante desenvolvimento durante toda a infância. Para compensar quaisquer possíveis limitações decorrentes de habilidades pouco desenvolvidas nessas áreas, a TCC com crianças emprega muitas técnicas visuais. Elas são especialmente úteis porque:

- aumentam o entendimento ao fornecer informações importantes por diferentes meios;
- são atraentes e interessantes, ajudando a manter a atenção e o interesse da criança;
- proporcionam à criança e aos pais um registro permanente de informações ou tarefas importantes;
- constituem uma maneira de revisar o progresso;
- facilitam o compartilhamento de informações com pessoas que não puderam participar das sessões de terapia.

Há muitas maneiras de adaptar visualmente a TCC para uso com crianças, e algumas idéias e folhas de exercício são sugeridas em *Bons Pensamentos-Bons Sentimentos* (Stallard, 2002a, publicado pela Artmed Editora, em 2004). Resumidamente, métodos visuais podem ser usados para avaliação, como uma maneira de quantificar e ajudar a reavaliar terapeuticamente suposições e cognições relativas a eventos. Materiais úteis incluem quadros brancos/negros, blocos grandes para gráficos e diagramas, folhas de papel, lápis e folhas de exercício coloridas.

Avaliação

Tiras em quadrinhos e balões de pensamento podem ser usados como uma maneira interessante e divertida de avaliar cognições e processos cognitivos específicos. Várias folhas de exercício podem ser preparadas e usadas para:

- apresentar à criança a idéia de descrever seus pensamentos;
- identificar pensamentos comuns sobre si mesmo, seu desempenho e seu futuro;
- salientar como há diferentes maneiras de pensar sobre o mesmo evento;
- enfatizar como diferentes pensamentos estão associados a diferentes sentimentos.

Crianças de 7 anos compreendem prontamente que um balão de pensamento representa o que a pessoa está pensando. A folha de exercício "Compartilhando nossos pensamentos", no final deste capítulo, é uma maneira simples de ver se a criança entende a idéia de que as pessoas têm pensamentos sobre o que acontece e os balões de pensamento são uma maneira de comunicá-los. Depois de compreendida, a idéia do balão de pensamento pode ser aplicada às situações em que a criança tem problemas e constituir um meio de comunicar seus pensamentos.

Métodos visuais podem ser usados de várias maneiras, e este livro inclui alguns exemplos de folhas de exercício. Há exercícios que ajudam a identificar mudanças fisiológicas importantes associadas a sentimentos ("Quando fico preocupado"), possíveis reações a mudanças ("A balança para avaliar a mudança") e atribuições importantes ("Tortas de responsabilidade"), e salientam visualmente as etapas que precisam acontecer antes que as cognições da criança ocorram ("A cadeia de eventos").

Psicoeducação

Métodos visuais também são uma ótima maneira de realizar a psicoeducação. Além de ajudar a criança a compreender as ligações entre os vários componentes do ciclo da TCC, os resumos visuais descrevem, de forma gráfica e convincente, as diferenças entre maneiras funcionais e disfuncionais de lidar com as situações.

Os pensamentos negativos de Gail

Gail é mãe solteira de um menino de 4 anos que apresentava comportamentos desafiadores e provocadores. Durante as sessões, Gail verbalizou alguns pensamentos e afirmações negativas que foram registradas pelo terapeuta. Então, o terapeuta devolveu à Gail esses pensamentos, escrevendo-os no quadro-negro, com flechas dirigindo-se a um espaço em branco no centro. Isso provocou uma conversa sobre a possível crença geral que estava alimentando esses pensamentos e acabou levando à identificação da crença de Gail de ser uma péssima mãe. Essa representação visual, resumida na Figura 7.1, constituiu uma maneira muito convincente e útil de ajudar Gail a verbalizar seu medo.

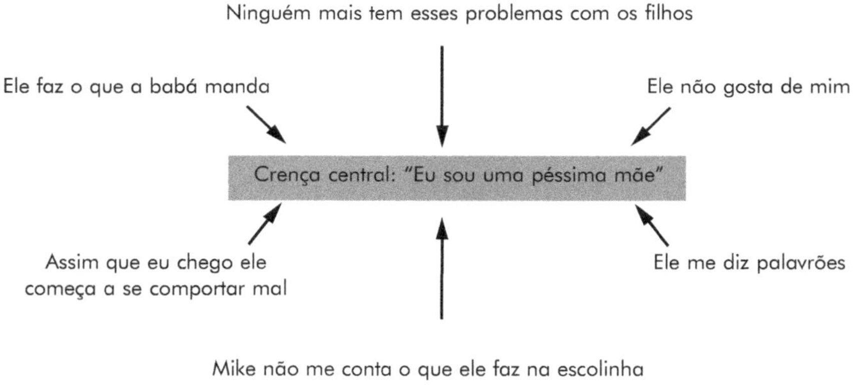

Figura 7.1 Os pensamentos de Gail e sua crença central.

Os hábitos de Becky

Becky tem 12 anos e apresenta alguns comportamentos compulsivos. Muitos estão relacionados à ordem em que ela precisa fazer as coisas e o fato de ter de fazê-las um determinado número de vezes. Isso já se torna um problema de manhã cedo, quando Becky acorda e tem de se arrumar para a escola. Mas houve uma ou outra ocasião em que Becky resistiu aos pensamentos obsessivos e não realizou seus rituais compulsivos. Os ciclos funcionais e disfuncionais foram mapeados durante uma sessão e proporcionaram uma clara comparação visual que revelou como Becky pulava de um hábito para outro (Figura 7.2).

Levantar de manhã
↓
Pensamentos

Alguma coisa ruim vai acontecer para a mamãe
Eu tenho de fazer alguma coisa para salvá-la

Escuto e deslizo para os hábitos → → → → → → → Ignoro e assumo o controle

Tomo uma ducha
↘ Lavo o cabelo
↙
Lavo o cabelo de novo
↘ Me seco
↙
Pego uma segunda toalha
e me seco de novo
↘ Pego as roupas do armário
↙
Arrumo-as sobre a cama
↘ Visto as roupas
↙
Penduro os cabides
↘ Mudo de roupa
↙
Dobro as roupas não-usadas
↘ Confiro os cabides no armário

Me sinto ansiosa/tensa/aprisionada | Me sinto bem, venci a voz, eu sou poderosa
↓ | ↓
45-60 minutos para tomar banho e me vestir | 10 minutos para tomar banho e me vestir

Figura 7.2 Os hábitos de Becky.

Quantificação

Uma característica central da TCC é a quantificação, em que a criança é ajudada a avaliar vários aspectos de seu comportamento, a força de seus sentimentos ou da crença em suas suposições. A quantificação é importante, pois:

- fornece uma maneira objetiva de avaliar processos cognitivos internos e emoções;
- desafia o pensamento dicotômico dos adolescentes ao revelar as nuanças entre dois pontos extremos;
- destaca a mudança dentro da sessão (por exemplo, durante a exposição);
- demonstra a potencial efetividade de técnicas específicas (por exemplo, relaxamento);
- salienta o progresso no prazo mais longo.

O terapeuta pode planejar escalas visuais de avaliação, simples e coloridas, para avaliar a força dos sentimentos (por exemplo, um termômetro de sentimentos) ou o grau de crença nos pensamentos (por exemplo, termômetro de pensamentos). Alternativamente, gráficos de fatias podem ser usados como uma maneira visual de quantificar a contribuição específica de vários fatores.

Os comportamentos de se lavar de Theo

Theo apresentava muitos comportamentos compulsivos e lavava as mãos regularmente, precisando lavá-las quatro vezes para sentir que estavam limpas. O gráfico da Figura 7.3 foi construído com Theo para quantificar quanto cada uma das quatro lavagens limpava suas mãos. Este gráfico de fatias foi uma maneira visual simples de demonstrar para Theo que, embora as duas primeiras lavagens fossem claramente importantes, a quarta resultava em muito pouca limpeza adicional. Isso permitiu que Theo experimentasse colocar alguns limites à lavagem das mãos, restringindo-se a três lavagens e eliminando a quarta.

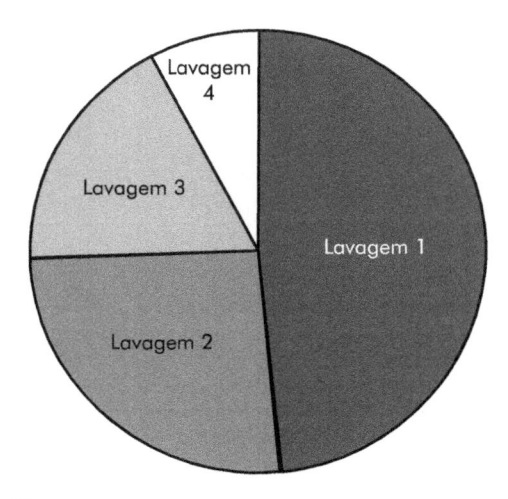

Figura 7.3 As lavagens de Theo.

Reavaliar atribuições terapeuticamente

Uma variação do gráfico de fatias é a "torta de responsabilidade", em que as crianças são ajudadas a identificar todos os fatores que poderiam contribuir para um determinado evento e, depois, a considerar quanto cada um deles contribuiu para os resultados gerais. Se for considerado que um determinado fator teve um efeito importante sobre os resultados gerais, ele se transforma em uma grossa fatia da torta, enquanto fatores menos importantes são representados como fatias mais finas.

O acidente de Joshua

Joshua esteve recentemente envolvido num acidente de carro e desenhou a torta de responsabilidade da Figura 7.4 pelo que aconteceu. A torta revela claramente que Joshua via a si mesmo como a maior razão do acidente. De sua perspectiva, o acidente provavelmente não teria acontecido se ele tivesse se aprontado para a escola a tempo e não tivesse discutido com a mãe.

Figura 7.4 A responsabilidade de Joshua pelo acidente de carro.

Depois que as atribuições de Joshua sobre o acidente foram identificadas, foi possível comparar seu entendimento com o da mãe, que estava dirigindo (ver Figura 7.5). A mãe de Joshua atribuía o acidente ao fato de o outro motorista

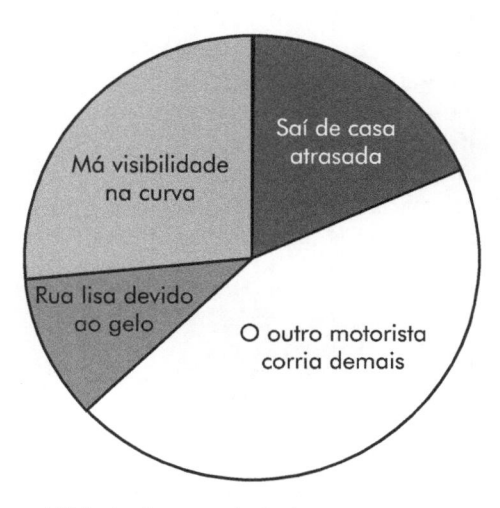

Figura 7.5 A torta de responsabilidade da mãe de Joshua.

estar correndo demais ao fazer a curva em uma esquina, na rua escorregadia devido ao gelo. Embora ela reconhecesse que também saíra de casa atrasada, a conversa revelou que isso não acontecera por causa de Joshua. A mãe de Joshua se atrasara porque estava juntando a roupa para lavar – ela queria deixar a máquina de lavar roupas funcionando antes de sair. Essa foi uma maneira objetiva de testar as atribuições de Joshua e de ajudá-lo a reavaliar seu entendimento e reduzir sua responsabilidade pessoal pelo acidente.

> Técnicas visuais constituem um poderoso adjuvante da TCC.

■ Externalização

Para a criança pequena, é importante que conceitos abstratos sejam externalizados e tornados concretos. Podemos fazer isso pedindo à criança que faça um desenho do seu problema. Isso ajuda a identificar o problema como algo separado dela e também pode ajudar a criar uma aliança entre a criança e sua família, permitindo que se unam para lutar contra ele e superá-lo. A responsabilidade pelo comportamento problemático, portanto, é tirada da criança e o efeito disso é desafiar cognições parentais de que a criança está sendo desobediente, teimosa ou tem culpa pelo próprio comportamento. Por exemplo, a criança pode desenhar seu TOC e dar a ele um nome bem feio. Esse nome, então, será usado durante a terapia para enfatizar que a criança e o problema são separados. Isso também pode facilitar uma conversa mais aberta, pois a criança talvez sinta menos vergonha de falar sobre um problema que é separado dela.

■ Encontre maneiras concretas de testar a preocupação na realidade

Ao usar a TCC com crianças, estratégias e conceitos abstratos complexos precisam ser simplificados e tornados concretos. Técnicas de resolução de problemas devem basear-se em exemplos e problemas da vida cotidiana da criança, em vez de lidar com situações ou acontecimentos hipotéticos (Chang, 1999). O terapeuta precisa encontrar, criativamente, maneiras objetivas, externas, de avaliar os processos cognitivos internos da criança. Um menino de 8 anos, por exemplo, desenvolveu um medo de comer carne, temendo que a carne não estivesse cozida e ele fosse infectado por germes. Sua mãe trabalhava na área de comércio de alimentos e foi capaz de ajudar o filho a compreender que, quando a carne cozida atingia uma determinada temperatura, todos os germes e bactérias eram destruídos. O uso de um termômetro para medir a temperatura da carne permitiu que o menino verificasse, de forma simples e objetiva, que a carne estava bem cozida, o que contrariou suas cognições disfuncionais de que ela estava infectada.

> ■ As crianças podem ser ajudadas a externalizar seus problemas por meio de desenhos.
> ■ Métodos objetivos e concretos são maneiras úteis de desafiar medos abstratos.

BONS PENSAMENTOS – BONS SENTIMENTOS

Teste para o rastreador de pensamentos

Quais são os erros de pensamento?

Nós precisamos aprender a identificar os tipos de erros de pensamento que cometemos.

- **ÓCULOS NEGATIVOS** – só nos deixam ver as coisas negativas
- **O POSITIVO NÃO CONTA** – nós rejeitamos as coisas boas que acontecem
- **EXPLODINDO TUDO** – as coisas negativas se tornam maiores do que realmente são
- **O LEITOR DE PENSAMENTOS e O ADIVINHADOR** – esperar que as coisas dêem errado

Leia estes pensamentos e veja se você consegue descobrir o erro de pensamento.

"As pessoas são *sempre* más comigo."
O erro de pensamento é:

Luke participou de um passeio com a escola em um parque temático muito legal. Quando lhe perguntaram se ele se divertira, se o dia fora bom, Luke respondeu: "Não, eu não gostei dos meus sanduíches."
O erro de pensamento é:

"Meus amigos vão achar que eu estou muito ridículo com estes tênis."
O erro de pensamento é:

Amy tocou sua flauta brilhantemente no concerto da escola. Quando sua professora comentou como ela se saíra bem, Amy pensou: "Foi pura sorte, eu normalmente não toco tão bem".
O erro de pensamento é:

BONS PENSAMENTOS – BONS SENTIMENTOS

Tortas de responsabilidade

A Torta de Responsabilidade nos ajuda a ver todas as coisas que podem ter feito algo acontecer e quanto cabe de responsabilidade a cada uma.

▶ **Escreva o que aconteceu**

▶ **Agora escreva todas as coisas que você acha que causaram isso**

▶ **Agora divida a torta.** Se você acha que uma coisa teve um papel muito importante, isso seria uma fatia grossa da torta. Se você acha que essa coisa desempenhou um papel pouco importante, ela seria uma fatia fina da torta.

BONS PENSAMENTOS – BONS SENTIMENTOS

Quando fico preocupado

Estas são algumas das mudanças que as pessoas percebem quando se sentem preocupadas, estressadas, ansiosas ou assustadas. Faça um círculo em torno das mudanças que você nota quando está preocupado ou estressado.

Cabeça leve/sensação de vertigem

Rosto corado/calor

Dor de cabeça

Boca seca

Visão embaçada

Nó na garganta

Voz trêmula

Frio na barriga

Coração batendo mais rápido

Mãos suadas

Dificuldade para respirar

Pernas moles

Vontade de ir ao banheiro

Você nota alguma outra mudança?

■

■

Que sinais você percebe mais?

■

■

ADAPTANDO A TCC À CRIANÇA

BONS PENSAMENTOS – BONS SENTIMENTOS

Quando fico zangado

Estas são algumas das mudanças que as pessoas percebem quando ficam zangadas ou tensas. Faça um círculo em torno das mudanças que você nota quando fica com raiva.

Não consigo pensar claramente

Dá um branco

Sinto calor

A voz fica mais alta

Cara de raiva

Xingo

Dentes cerrados

Ameaço as pessoas

Cerro os punhos

Bato nas pessoas

Fico tremendo

Atiro ou quebro coisas

Sinto-me tenso/rígido

Sacudo ou empurro as pessoas

Transpiro

Discuto

Você nota alguma outra mudança?
-
-

Que mudanças você percebe mais?
-
-

BONS PENSAMENTOS – BONS SENTIMENTOS

Quando fico triste

Estas são algumas das mudanças que as pessoas percebem quando estão tristes ou infelizes. Faça um círculo em torno das mudanças que você nota quando fica triste.

Não consigo pensar claramente

Não consigo me concentrar

Não tenho vontade de fazer nada

Não consigo parar de chorar

Não saio com tanta freqüência

Choro sem motivo

Não sinto vontade de comer

Fico sensível e me perturbo facilmente

Tenho dificuldade para dormir

Me sinto cansado

Acordo cedo

Fico sem nenhuma energia

Não consigo parar de comer

Me sinto enjoado

Você nota alguma outra mudança?
-
-

Que mudanças você percebe mais?
-
-

BONS PENSAMENTOS – BONS SENTIMENTOS

Compartilhando nossos pensamentos

Muitas vezes, nós mantemos os nossos pensamentos trancados dentro da nossa cabeça. Nós os escutamos, mas não dizemos às pessoas o que estamos pensando. Nós podemos usar **balões de pensamento**, como estes, para mostrar os nossos pensamentos.

No desenho abaixo, o rato está pensando: "Deve ser hora do jantar".

O gato está pensando: "Eu vou subir naquela árvore".

O que você acha que esta pessoa pode estar pensando?

O que você acha que esta pessoa pode estar pensando?

◀ CAPÍTULO OITO ▶

Principais componentes dos programas de TCC para problemas internalizantes

TCC é um termo genérico para descrever uma "coleção diversa de intervenções complexas e sutis" (Compton et al., 2004). Embora os autores observem diferenças entre os programas, eles também observam que as intervenções de TCC tendem a compartilhar cinco características principais:

- Comprometimento com um tratamento baseado em evidências e uma abordagem científica/avaliativa ao trabalho de cada caso.
- Análise funcional do problema apresentado, para determinar fatores importantes associados ao seu início e manutenção.
- Ênfase na psicoeducação.
- Intervenções adaptadas especificamente aos problemas apresentados.
- Foco na prevenção da recaída e generalização de novas habilidades.

Embora possa haver algumas semelhanças gerais em termos de filosofia e processo, permanece o fato de que o conteúdo e a ênfase específicos de cada programa variam consideravelmente. Esta variabilidade, sem dúvida, é estimulada pelo grande número de técnicas e estratégias específicas disponíveis para o terapeuta. Elas podem ser empregadas em várias combinações para tratar dificuldades específicas nos domínios cognitivo, emocional e comportamental. Essas técnicas constituem a "caixa de ferramentas" do terapeuta e estão resumidas na Figura 8.1.

▶ Que equilíbrio deve haver entre estratégias cognitivas e comportamentais?

As estratégias específicas que serão usadas em cada intervenção devem ser determinadas com base na formulação do caso. Entretanto, um dilema constante que o terapeuta enfrenta é o foco e equilíbrio terapêutico, no programa de tratamento, entre estratégias cognitivas e comportamentais. Conforme mencionado previamente, técnicas cognitivas e comportamentais são combinadas em diversas permutações e seqüências, mas ainda são classificadas sob o termo geral de TCC (Durlak et al., 1991; Graham, 1998; Ronen, 1997).

Shirk (2001) salienta que a terapia cognitiva para crianças é "inerentemente integrativa, com igual ênfase em fatores cognitivos, comportamentais e interpessoais". Mas o foco direto nas cognições que se supõe estarem por trás de problemas infantis específicos, em muitos programas de tratamento, em geral é extremamente limitado (Stallard, 2002a). Isso levanta a questão teórica de quanto é preciso focar o cognitivo para que uma intervenção comportamental constitua

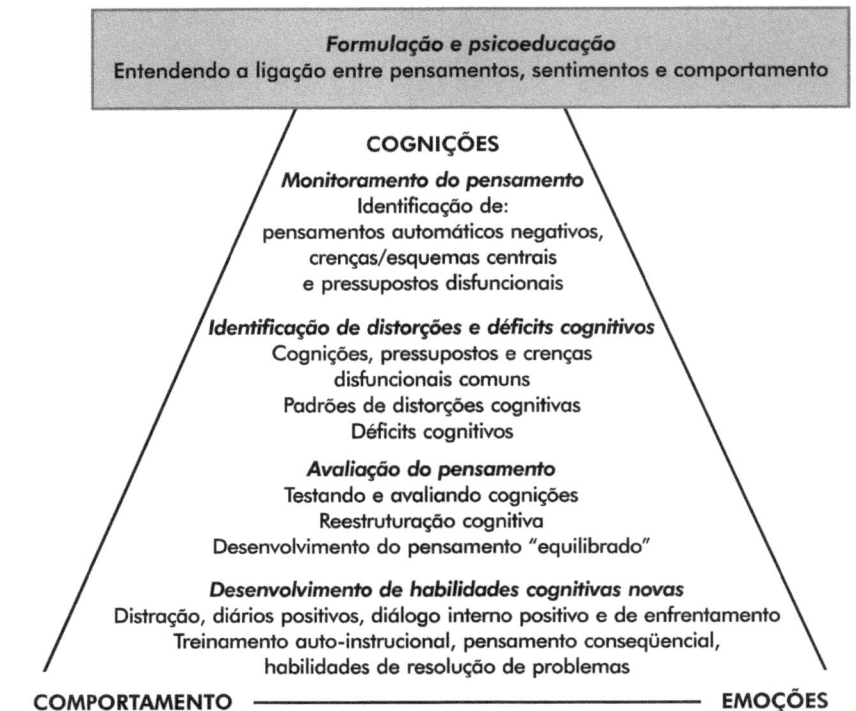

Formulação e psicoeducação
Entendendo a ligação entre pensamentos, sentimentos e comportamento

COGNIÇÕES

Monitoramento do pensamento
Identificação de:
pensamentos automáticos negativos,
crenças/esquemas centrais
e pressupostos disfuncionais

Identificação de distorções e déficits cognitivos
Cognições, pressupostos e crenças
disfuncionais comuns
Padrões de distorções cognitivas
Déficits cognitivos

Avaliação do pensamento
Testando e avaliando cognições
Reestruturação cognitiva
Desenvolvimento do pensamento "equilibrado"

Desenvolvimento de habilidades cognitivas novas
Distração, diários positivos, diálogo interno positivo e de enfrentamento
Treinamento auto-instrucional, pensamento conseqüencial,
habilidades de resolução de problemas

COMPORTAMENTO ———————————————— **EMOÇÕES**

Monitoramento da atividade
Associe atividade, pensamentos e sentimentos
Identifique reforços mantenedores

Planejamento de metas
Identifique e acorde metas

Estabelecimento de alvos
Exercite as tarefas
Aumente as atividades agradáveis
Reagendamento de atividades

Experimentos comportamentais
Teste previsões/pressupostos

Exposição gradual/prevenção da resposta

Aprenda habilidades/comportamentos novos
Role-play
Modelação
Ensaio

Educação afetiva
Estabeleça uma distinção entre
as emoções essenciais
Identifique os sintomas fisiológicos

Monitoramento afetivo
Associe o sentimento com os
pensamentos e o comportamento
Escalas para classificar a intensidade

Controle do afeto
Habilidades novas (por ex.,
relaxamento, controle da raiva)

Reforços e recompensas
Auto-reforço, cartões de estrelinhas, contratos de contingência

Figura 8.1 A caixa de ferramentas do terapeuta.
Fonte: Stallard (2002). *Bons Pensamentos-Bons Sentimentos.* © John Wiley e Sons, Ltd. Reproduzido com permissão.

uma TCC. Seja qual for o equilíbrio específico, Reinecke e colaboradores (2003) observam que "o trabalho clínico com crianças e adolescentes requer que prestemos atenção a forma como esses conteúdos e processos cognitivos se desenvolvem, aos contextos sociais em que operam e às suas implicações de funcionamento".

> - Cognições e processos potencialmente importantes precisam ser avaliados.
> - A ênfase e o equilíbrio entre os componentes cognitivos e comportamentais variam.

▶ Precisamos focar diretamente as cognições e os processos disfuncionais?

Embora o equilíbrio entre estratégias cognitivas e comportamentais, e o seu uso, seja uma questão importante, uma pergunta mais prática para o terapeuta é se as cognições da criança precisam ser tratadas diretamente para facilitar a mudança. Está claro que a mudança cognitiva ocorre indiretamente por meio de técnicas comportamentais como a exposição e a prevenção da resposta. Na verdade, as exposições *in vivo* foram identificadas como a intervenção mais benéfica para crianças com menos de 11 anos e fobias específicas (British Psychological Society, 2002). Igualmente, os experimentos comportamentais são uma ótima maneira de realizar a reestruturação cognitiva e dar à criança uma forma objetiva de testar e reavaliar suas predições e suposições. A importante contribuição das técnicas comportamentais para a TCC é indiscutível e, em alguns casos, o mecanismo de mudança pode ser comportamental, em vez de cognitivo (Quakley et al., 2004). A questão que o terapeuta precisa considerar é se a TCC pode ser intensificada e melhorada por uma atenção direta às cognições específicas que estão por trás dos problemas da criança.

> - A mudança cognitiva pode ocorrer indiretamente, por meio de estratégias e experimentos comportamentais.
> - Não está claro se a mudança pode ser intensificada pelo foco direto em cognições e processos cognitivos de fundamental importância.

▶ Que cognições ou processos cognitivos podem ser importantes?

Os diferentes níveis de cognição e processos cognitivos importantes estão resumidos no Capítulo Três, que trata do desenvolvimento de formulações. As cognições tendem a se concentrar na tríade cognitiva: pensamentos sobre o *self*, o mundo e o futuro (Beck, 1976). Crenças e esquemas centrais são o nível de cognição mais profundo e menos acessível e caracterizam-se por afirmações curtas, absolutas, gerais (por exemplo, "Eu sou um fracasso"). Eles são operacionalizados por suposições ("Por mais que eu me esforce, acabo fracassando") que são ativadas por eventos desencadeantes (exames escolares), resultando na criação de pensamentos automáticos ("Não sou capaz de fazer este trabalho") que, por sua vez, afetam o comportamento (não estudo para o exame).

A experiência clínica sugere que o trabalho direto com esquemas ou crenças centrais é limitado na TCC focada na criança. Em alguns aspectos, isso não surpreende. Dada a natureza dinâmica do desenvolvimento cognitivo das crianças, sabe-se comparativamente pouco sobre quando as crenças ou os esquemas centrais se tornam estabelecidos, persistentes ou disfuncionais, constituindo assim uma variação anormal significativa de uma trajetória normal de desenvolvimento. Em termos de processo, considerando-se a natureza dinâmica e emergente dos esquemas e crenças centrais, e a importância das experiências precoces, surge a pergunta: quem deve ser o principal alvo das intervenções baseadas em esquemas, a criança ou os pais? Neste estágio, embora as crenças e esquemas centrais sejam mais maleáveis, modificar as experiências e o ambiente da criança (isto é, as supostas influências significativas sobre o seu desenvolvimento) talvez seja mais efetivo do que trabalhar diretamente com ela. Infelizmente, sabe-se comparativamente pouco sobre quando ou como intervir neste nível.

Em termos de outras cognições, o terapeuta precisa identificar qualquer viés ou déficit disfuncional associado ao início e à manutenção dos problemas da criança. Alguns vieses comuns foram identificados no trabalho com adultos, incluindo abstração seletiva, personalização, catastrofização, pensamento dicotômico, inferências arbitrárias, etc. Mais uma vez, a experiência clínica sugere que isso precisa ser simplificado para uso com crianças, que geralmente estão menos interessadas nas sutis diferenças de definição. O uso de metáforas, tal como olhar através de óculos negativos (abstração seletiva), explodir as coisas (catastrofização), usar etiquetas de lata de lixo (personalização), olhar numa bola de cristal (predizer o fracasso), pode ajudar a criança a compreender o tipo de viés que ela apresenta.

Finalmente, as atribuições da criança em relação aos acontecimentos são importantes e podem estar sujeitas a algumas das distorções mencionadas acima. Atribuições tendem a ter duas polaridades e a girar em torno de dimensões:

- internas (responsáveis pelas coisas que acontecem) *versus* externas ("Sou uma vítima e não tenho controle sobre o que acontece");
- específicas (relacionadas a um determinado acontecimento) *versus* globais (aplicadas a muitos eventos e situações diferentes);
- estáveis (persistem ao longo do tempo) *versus* instáveis (variam dependendo dos acontecimentos).

▶ A mudança cognitiva resulta na melhora do problema?

O modelo cognitivo prediz que mudanças nas cognições estão associadas à redução dos problemas psicológicos (Durlak et al., 1991). Entretanto, em sua meta-revisão, Durlak e colaboradores (1991) não conseguiram encontrar uma associação significativa entre mudança cognitiva e resultados. Mas temos de lembrar que comparativamente poucos estudos incluem medidas cognitivas adaptadas para avaliar as suposições, crenças ou processos cognitivos que a TCC focada na criança pretende tratar. A ausência da relação positiva encontrada por Durlak e colaboradores (1991), portanto, pode ser devida à inexistência de avaliações apropriadas. Alternativamente, se prestamos insuficiente atenção ao tratamento específico e direto das importantes cognições e processos que estão por trás dos problemas da criança, então é questionável quanta mudança cognitiva irá ocorrer. No momento, não há pesquisas suficientes para determinar se, conforme prediz o modelo cognitivo, as mudanças cognitivas estão associadas a melhoras no funcionamento psicológico (Durlak et al., 2001).

> Comparativamente, pouca atenção tem sido dada à avaliação da suposta relação entre mudança cognitiva e melhora do problema.

▶ A TCC é efetiva?

Já existem alguns estudos controlados randomizados (ECRs) sobre os efeitos da TCC com crianças. Os resultados desses experimentos são, de modo geral, positivos e sugerem que a TCC é efetiva no tratamento de uma variedade de problemas, especialmente dos transtornos internalizantes, entre os quais: ansiedade generalizada (Kendall, 1994; Kendall et al., 1997), depressão (Clarke et al., 1999; Harrington et al., 1998a), TOC (Barrett et al., 2004), sintomas pós-traumáticos resultantes de abuso sexual (Cohen et al., 2004), fobia social (Spence et al., 2000), fobias (Silverman et al., 1999a), dor abdominal (Sanders et al., 1994) e síndrome de fadiga crônica (Stulemeijer et al., 2005).

Ao considerar esses achados, é importante observar que os efeitos são às vezes modestos e, quando comparados a outras intervenções ativas, necessariamente não sugerem a superioridade da TCC. Os tamanhos das amostras freqüentemente são pequenos e as coortes, especialmente nos primeiros estudos, consistiam em voluntários com problemas menos graves, o que limita a generalização dos achados aos problemas mais complexos e múltiplos encaminhados aos serviços clínicos. Finalmente, embora haja algumas exceções notáveis (Barrett et al., 2001), não existem dados de seguimento no longo prazo detalhando a manutenção das melhoras no decorrer do tempo.

- Há um crescente número de ECRs demonstrando que a TCC resulta em várias mudanças positivas em uma gama de diferentes problemas.
- A superioridade da TCC em relação a outras intervenções ativas ainda não foi consistentemente demonstrada.

▶ Quais são os componentes efetivos das intervenções de TCC?

Não se sabe qual é a mistura mais efetiva de estratégias terapêuticas cognitivas, comportamentais ou familiares, nem as relativas contribuições de componentes específicos do tratamento para o sucesso global dos programas de TCC (Barrett et al., 1996b; Silverman et al., 1999b). Em um dos poucos estudos que examinaram essa questão, Kendall e colaboradores (1997) descobriram que o elemento cognitivo do programa de tratamento não foi efetivo para provocar mudanças em crianças ansiosas sem a exposição comportamental.

O seqüenciamento dos componentes específicos do tratamento também é importante, pois Kazdin e Weisz (1998) salientam que muitas crianças abandonam o tratamento antes da conclusão do programa. A dificuldade potencial que isso cria está exemplificada no estudo de Feehan e Vostanis (1996). Os autores observam que apenas metade das crianças, em seu estudo, participou das principais sessões cognitivas que tratavam da reestruturação cognitiva. Se o componente cognitivo é um aspecto essencial do programa, a efetividade da intervenção será reduzida, caso as crianças não compareçam a essas importantes sessões. Surge a pergunta: os componentes fundamentais da intervenção devem ser agendados para os estágios iniciais do programa? Infelizmente, o argumento se torna circular, uma vez que atualmente há pouca informação sobre a relativa importância e contribuição dos componentes específicos. São necessários mais estudos para determinar os ingredientes efetivos dos programas de tratamento e para explorar o momento e seqüenciamento ideal de cada componente.

> Ainda é preciso determinar a relativa importância e a contribuição específica de cada componente da TCC focada na criança, e qual é melhor, mescla ou seqüenciamento.

▶ Por onde é melhor começar?

Depois de chegar a um acordo sobre a formulação, a primeira tarefa é a psicoeducação, em que a criança e a família são instruídas sobre o modelo cognitivo e o processo de TCC. Uma vez iniciada, o terapeuta precisa escolher qual domínio será o foco inicial mais importante da intervenção. Infelizmente, não existem pesquisas para informar o terapeuta se é melhor focar inicialmente o domínio cognitivo, o emocional ou o comportamental. Entretanto, uma análise do seqüenciamento de programas de tratamento padronizados e efetivos sugere um mesmo padrão, com um foco inicial no domínio emocional para desenvolver a sua consciência e habilidades efetivas de seu manejo. O foco, tipicamente, muda para o domínio cognitivo conforme a criança identifica as cognições e os processos desadaptativos associados às suas emoções. Cognições desadaptativas são questionadas e substituídas por cognições alternativas mais funcionais e equilibradas. As habilidades emocionais e cognitivas recentemente adquiridas são então praticadas conforme o foco passa para o domínio comportamental. A criança aprende novas habilidades comportamentais, necessárias para que ela enfrente sistematicamente as situações evitadas e aprenda a superar seus problemas.

> Os programas de terapia começam, tipicamente, com a psicoeducação e depois se concentram no domínio emocional. Segue-se um foco cognitivo antes de passarmos para o domínio comportamental.

▶ Quantas sessões de tratamento são necessárias?

Embora haja exceções, a maioria dos programas de tratamento padronizados consiste em 12-16 sessões. Entretanto, terapeutas infantis relatam mudanças significativas com um número menor de sessões. Isso depende, tipicamente, do objetivo e foco da intervenção, que podem ser amplamente categorizados em três níveis diferentes.

As intervenções de Nível 1 são as mais limitadas e costumam requerer até quatro sessões. O foco predominante é a avaliação e a psicoeducação, em que a criança e sua família desenvolvem uma clara formulação de TCC que explica o início e/ou a manutenção das dificuldades da criança. Formulações são poderosas e servem para aumentar a consciência geral da existência de cognições negativas e dos possíveis efeitos que elas têm sobre as emoções e o comportamento. Para algumas crianças e famílias, esse entendimento talvez seja o suficiente. Ele pode capacitar a criança e a família a explorar maneiras de modificar o ciclo negativo.

As intervenções de Nível 2 fundamentam-se nesse trabalho e identificam mais detalhadamente as cognições e reações emocionais específicas que são importantes para a criança. Isso costuma envolver de 4 a 6 sessões adicionais, e visa a ajudar a criança e seus pais a identificar os pensamentos negativos e prejudiciais que acompanham situações-problema específicas e a explorar os seus efeitos. A criança será ajudada a identificar e a controlar suas emoções desagradáveis e a enfrentar e lidar sistematicamente com situações estressantes ou difíceis. São incorporadas ao tratamento técnicas terapêuticas gerais que ajudam bastante, como a fala interna positiva, diários positivos e técnicas de relaxamento. É dada ênfase ao entendimento das características dos pensamentos negativos automáticos e são utilizados experimentos comportamentais para identificar e testar as predições da criança. Isso facilita o desenvolvimento de cognições alternativas mais funcionais e equilibradas, que ajudarão em futuras situações.

O estágio seguinte de intervenção, de Nível 3, costuma envolver de 4 a 8 sessões adicionais e tem o objetivo de ajudar a criança a ampliar a partir de problemas e situações específicas, para identificar padrões cognitivos e comportamentos comuns presentes em várias situações e eventos. É dada maior ênfase ao entendimento e identificação dos diferentes tipos de distorção cognitiva e dos possíveis esquemas ou crenças centrais que estão por trás dessas distorções. As intervenções deste nível pretendem identificar, detectar e questionar os vieses cognitivos presentes em diversas situações e criar esquemas alternativos, mais equilibrados e úteis. Finalmente, é dada atenção à prevenção da recaída e prepara-se a criança para possíveis problemas e como enfrentá-los.

- As intervenções de Nível 1 fornecem psicoeducação e concentram-se no desenvolvimento de uma formulação cognitiva.
- As intervenções de Nível 2 têm por objetivo desenvolver habilidades cognitivas e emocionais gerais que ajudam em situações específicas.
- As intervenções de Nível 3 identificam e questionam cognições e processos disfuncionais comuns que afetam vários aspectos da vida da criança.

E as tarefas para fazer em casa?

As sessões de tratamento podem ser proveitosamente complementadas por tarefas de casa, tarefas em que serão exercitados o monitoramento, a experimentação comportamental ou habilidades específicas. Isso cria oportunidades para que sejam trazidas ao tratamento informações sobre as situações da vida real e promove a descoberta orientada, a auto-eficácia e a prática de novas habilidades no dia-a-dia da criança.

Embora sejam extremamente importantes, as tarefas de casa nem sempre são essenciais. Durante os estágios iniciais, o terapeuta está tentando maximizar o engajamento da criança na terapia e aumentar a motivação para mudar. Demandas adicionais que possam ser percebidas negativamente precisam ser minimizadas enquanto essa relação está se desenvolvendo. Também é durante os primeiros estágios da terapia que as tarefas de casa se concentram no automonitoramento. Podemos chegar a um entendimento de cognições, emoções e comportamentos cruciais apenas conversando detalhadamente, durante as sessões, sobre quaisquer dificuldades que possam ter surgido. Entretanto, essas tarefas tornam-se mais importantes nos últimos estágios do tratamento, quando envolvem a prática de habilidades ou a exposição, atividades que são essenciais para mostrar à criança que ela pode dominar e superar seus problemas.

A terminologia é importante e as tarefas de casa não devem ser descritas como "lições ou temas de casa", um termo que tem conotações negativas para muitas crianças. A lição ou tema de casa, em geral, implica que a criança precisa fazer um "trabalho" que receberá nota e que há respostas "certas" – e tudo isso vai contra o processo aberto e colaborativo da TCC. Em outros momentos, independentemente da terminologia, as crianças podem achar essas tarefas complicadas, chatas, difíceis de encaixar em sua agenda de atividades diárias, ou podem simplesmente esquecê-las. Portanto, não é raro descobrirmos que elas não foram realizadas. Isso pode pôr a criança na difícil situação de ter de enfrentar o terapeuta na próxima sessão para explicar seu "fracasso".

Essa situação negativa precisa ser evitada e podemos fazer isso conversando aberta e honestamente com a criança. Sua relutância precisa ser discutida abertamente como uma possibilidade, e temos de entrar num acordo realista sobre as tarefas que podem de fato ser realizadas fora da sessão. A motivação da criança pode ser aumentada tornando-se a tarefa mais interessante ou empregando-se meios diferentes. Embora algumas prefiram diários e registros escritos, com lápis e papel, o monitoramento também pode ser feito em registros criados por elas no computador ou por e-mail. Da mesma forma, é mais provável que os experimentos comportamentais sejam executados se forem detalhadamente planejados, com datas, horários e locais combinados. Em todos os casos, é importante discutir abertamente os potenciais benefícios e dificuldades das tarefas de casa e combinar, de forma realista e aberta, o que pode, ou não pode, ser realizado.

> As tarefas de casa não são essenciais durante o estágio de avaliação, mas são importantes para facilitar o uso e a transferência de habilidades para o ambiente cotidiano da criança.

▶ Quais são os principais componentes dos programas padronizados de TCC?

Há crescentes evidências, de ECRs, apontando as combinações de técnicas e estratégias consideradas úteis no tratamento de determinados problemas da infância. Esses experimentos, tipicamente, envolveram pacotes de tratamento padronizados e, portanto, a relevância e a importância de cada componente variam para cada criança. A maioria dos experimentos comparou a TCC com grupos-controle de listas de espera e não com tratamentos alternativos. Em termos de idade, a maioria dos estudos foi realizada com crianças entre 7 e 16 anos, o que levanta perguntas sobre sua aplicabilidade a crianças mais jovens e possíveis variações de desenvolvimento neste intervalo de idade. Raramente é descrito como o programa foi adaptado para uso com crianças nas duas extremidades dessa ampla faixa etária. Em termos de tamanho, a maioria dos estudos é pequena e incapaz de detectar diferenças sutis, mas importantes. A considerável variabilidade dos programas descritos como TCC e a heterogeneidade das amostras, da apresentação dos problemas, das idades e do desenvolvimento muitas vezes são ignoradas. Finalmente, alguns estudos foram realizados com crianças recrutadas via mídia, o que levanta a pergunta: esses programas seriam igualmente efetivos para as crianças com múltiplos problemas atendidas pelas equipes especializadas em saúde mental infantil? Reconhecendo esses alertas, os seguintes componentes fundamentais foram incluídos em experimentos randomizados que avaliaram a efetividade da TCC no tratamento de transtornos de ansiedade generalizada, TOC, depressão e TEPT.

■ Ansiedade generalizada

Efetividade

Estudos controlados randomizados sobre a TCC com crianças ansiosas (Compton et al., 2004) concluem que a TCC "provavelmente é eficaz" no tratamento da ansiedade infantil (Chambless e Ollendick, 2001). Muitos desses estudos baseiam-se em variantes do programa *Coping cat* de 16 sessões desenvolvido por Phillip Kendall (1994). As primeiras oito sessões do programa visam à educação e aquisição de habilidades, e as oito restantes, ao exercício da exposição. Variantes do programa compararam administração grupal e individual (Flannery-Schroeder e Kendall, 2000; Kendall et al., 1997), envolvimento parental (Barrett, 1998; Barrett et al., 1996b), efeitos da doença mental parental (Cobham et al., 1998) e se o programa pode ser adaptado e utilizado como uma intervenção preventiva universal (Barrett e Turner, 2001). Em todos os casos, a TCC resultou em ganhos pós-tratamento significativos, e um estudo de seguimento de seis anos, recentemente publicado, sugere que esses ganhos são mantidos (Barrett et al., 2001).

Fundamentos que informam o tratamento

O modelo subjacente baseia-se na premissa de que a ansiedade é uma resposta condicionada (Compton et al., 2004). Quando um indivíduo enfrenta uma situação que desperta ansiedade, há um aumento de sensações desagradáveis (ritmo cardíaco aumentado, dificuldade para respirar, sudorese) e cognições desagradáveis ("Eu não serei capaz de lidar com isso"). Em termos de cognições-chave, alguns estudos apontam como as crianças ansiosas apresentam um viés cognitivo envolvendo ameaça. Situações ambíguas tendem a ser percebidas como ameaçadoras por crianças clinicamente ansiosas (Barrett et al., 1996b; Bogels e Zigterman, 2000). As crianças ansiosas minimizam esses sentimentos desagradáveis pela remoção ou fuga da situação ameaçadora. Isso traz um alívio emocional imediato e a criança aprende a lidar com os sentimentos ansiosos e a reduzi-los evitando as situações ansiogênicas.

A crescente consciência do papel dos pais no início e na manutenção da ansiedade da criança fez com que muitos programas de TCC para crianças incluíssem um componente parental. O viés da criança para cognições ameaçadoras e o seu comportamento de evitação podem ser encorajados, reforçados e modelados pelos pais (Barrett et al., 1996a). Os pais de crianças ansiosas tendem a ser mais protetores e superenvolvidos. Isso transmite um senso de constante perigo para a criança, e o superenvolvimento parental limita suas chances de desenvolver mecanismos de manejo adequados ou de adquirir habilidades importantes de resolução de problemas (Krohnc e Hock; 1991; Rapee, 1997).

Componentes centrais dos programas de tratamento para transtornos de ansiedade

A psicoeducação no modelo cognitivo e os princípios que fundamentam o uso da TCC no tratamento da ansiedade infantil são apresentados precocemente no programa. A seguir, a intervenção costuma passar para o domínio emocional e ajuda a criança a identificar as pistas fisiológicas específicas que seu corpo utiliza para sinalizar sentimentos de ansiedade. Para agir contra esses sentimentos desagradáveis, a criança aprende habilidades de relaxamento e é incentivada a praticá-las sempre que perceber sentimentos de ansiedade. Então, são identificadas cognições importantes associadas a esses sentimentos ansiosos. Essas crenças, suposições e pensamentos automáticos são freqüentemente referidos como a fala interna da criança. Ela é ajudada a identificar as cognições que despertam ansiedade e a substituí-las por cognições que reduzem a ansiedade (fala interna positiva). Os elementos emocionais e cognitivos facilitam a autoconsciência e avaliação. A criança é incentivada a desenvolver habilidades de auto-reforço e a elogiar-se sempre que tentar a fala interna positiva de enfrentamento e as estratégias de relaxamento. Depois que dominar essas habilidades de enfrentamento, a criança é ajudada a identificar as situações ou eventos temidos e organizá-los em uma hierarquia de medo. Os eventos temidos são tratados como problemas que precisam ser resolvidos e, assim, começando com o evento que menos desperta medo, a criança é exposta a um de cada vez. Ela é incentivada a empregar suas novas estratégias emocionais e cognitivas, ao enfrentar seus medos, e aprende a superar sua ansiedade.

Alguns programas aumentaram o número de sessões e incluíram sessões com os pais (Barrett et al., 1996a). Os pais são incentivados a identificar e confrontar seu próprio comportamento ansioso; a reduzir comportamentos superprotetores e dependentes; a encorajar, perceber e elogiar comportamentos corajosos da criança, e a aprender novas habilidades para resolver situações-problema.

As intervenções para crianças com transtornos de ansiedade costumam envolver:

- psicoeducação;
- identificação emocional;
- treinamento do relaxamento;
- identificação de cognições que aumentam a ansiedade e substituição por cognições que diminuem a ansiedade;
- elogio e reforço positivo;
- desenvolvimento de uma hierarquia de medos;
- dessensibilização sistemática via exposição.

Cognições importantes

As crianças com transtornos de ansiedade tendem a esperar a ocorrência de eventos negativos, fazem mais avaliações negativas sobre seu desempenho, apresentam viés no sentido de perceber ameaças e se vêem como incapazes de lidar com qualquer evento assustador que surgir. Barrett e colaboradores (1996a) descobriram que crianças clinicamente ansiosas tendiam mais a interpretar situações ambíguas como ameaçadoras do que um grupo de crianças com transtorno desafiador de oposição ou um grupo não-clínico. Elas também tendiam mais a escolher maneiras evitantes de lidar com essas situações. A tendência da criança ansiosa de apresentar um viés para possíveis ameaças também foi confirmada por Bogels e Zigterman (2000). Além disso, os autores descobriram que as crianças ansiosas avaliam-se como menos competentes para lidar com situações ameaçadoras. Spence e colaboradores (1999) também descobriram que as crianças socialmente ansiosas têm expectativas mais baixas do que as crianças não-ansiosas em relação ao seu desempenho. Não está clara a natureza da associação entre essas cognições e a presença de ansiedade, isto é, se é uma causa ou uma conseqüência.

Descobriu-se que algumas cognições específicas estão associadas a determinados transtornos de ansiedade. Nos transtornos de ansiedade generalizada, as cognições tendem a focalizar preocupações sobre eventos futuros ou passados. Essas preocupações podem ser sobre o que foi dito ("Eu espero que a Nina não pense que eu estava falando sobre ela quando disse que as pessoas me irritam"), sobre como a pessoa se comportou ("Todos eles vão pensar que eu sou burra por não ter conseguido fazer aquilo") ou sobre o que poderá acontecer ("Minha professora ficará muito irritada comigo amanhã"). O foco cognitivo na ansiedade de separação está em cognições sobre ficar separada dos outros e, em especial, se a criança será capaz de lidar com a situação ("Eu acho que não conseguirei ir à loja sem a mamãe") ou se os pais estarão seguros ("Aposto que algo de ruim vai acontecer com a mamãe se eu não ficar para cuidar dela"). As fobias costumam envolver cognições específicas em relação ao objeto temido ("Aquele cachorro vai me morder") enquanto a fobia social é caracterizada por cognições associadas à avaliação social negativa ("Eles vão rir destas roupas"; "Eu sei que eles não gostam de mim").

- A ansiedade generalizada está associada a cognições negativas sobre eventos passados e futuros.
- A ansiedade de separação está associada a cognições relativas à segurança e capacidade de lidar com as situações de forma independente.
- As fobias estão associadas a cognições específicas em relação ao evento temido.
- A fobia social está associada a cognições relativas à vergonha e avaliação negativa.

Depressão

Efetividade

Há alguns experimentos randomizados comparando a TCC para a depressão com condições controladas ou outras intervenções ativas. De modo geral, os resultados são animadores, pelo menos no curto prazo, o que sugere que a TCC é um tratamento efetivo para transtornos depressivos leves ou moderados (Harrington et al., 1998b). Entretanto, as crianças com transtornos depressivos mais graves parecem não responder tão bem à TCC como aquelas com depressão leve (Jayson et al., 1998).

Embora normalmente sejam relatados significativos ganhos pós-tratamento, os dados de seguimento no longo prazo são menos promissores. Alguns estudos relatam que sintomas depressivos significativos ressurgem ou persistem (Vostanis et al., 1996, 1998; Wood et al., 1996). Isso indica a necessidade de prestarmos maior atenção à prevenção da recaída e ao planejamento de sessões de apoio ou de revisão no programa (Harrington, 2004).

Os dois programas desenvolvidos por Stark e Lewinsohn são as intervenções padronizadas mais conhecidas para a depressão. Stark e colaboradores (1987) desenvolveram um programa grupal para crianças de 9 a 12 anos com base na suposição de que a depressão é um produto de distorções cognitivas e déficits interpessoais e de resolução de problemas. O programa, primeiramente, tenta promover efeitos mais positivos antes de tratar cognições e processos importantes. Os déficits de habilidade social que supomos contribuírem para problemas sociais e humor deprimido são tratados depois. O curso *Coping with Depression*, desenvolvido por Lewinsohn e colaboradores (1990) é um programa para adolescentes, de 14 a 16 sessões, de administração grupal. Novamente, o programa tem como objetivo promover afeto e habilidades de enfrentamento positivas e incentiva o desenvolvimento do auto-reforço.

A TCC para a depressão envolve intervenções mais breves de 6 a 8 sessões (Vostanis et al., 1996; Wood et al., 1996) e alguns incluem um componente parental (Clarke et al., 1999), embora o envolvimento dos pais seja limitado e amplamente psicoeducacional. Cognições ou comportamentos parentais importantes que podem contribuir para os problemas da criança não são tratados, pois muitos programas continuam centrados na criança.

Fundamentos que informam o programa de tratamento

As bases teóricas que fundamentam os programas de TCC para crianças com depressão podem ser divididas em dois modelos principais. O modelo de déficit de habilidades supõe que a depressão é resultado de déficits em áreas importantes como auto-reforço, habilidades sociais ou resolução de problemas. Esses déficits levam a fracassos repetidos, aumento do afeto emocional desagradável, cognições negativas em relação ao desempenho que resultam em evitação, menos oportunidades de engajar-se em atividades potencialmente reforçadoras e desenvolvimento de sintomas depressivos (Seligman et al., 2004).

O segundo é o modelo da distorção e baseia-se no modelo cognitivo desenvolvido por Beck (1967). Importantes processos cognitivos negativos e distorcidos são vistos como a principal causa do afeto negativo. Assim, a criança desenvolve uma estrutura cognitiva negativa e tendenciosa de si mesma, de seu desempenho e de seu futuro, caracterizada por cognições relacionadas à baixa auto-estima, culpa, desamparo e desesperança. Os eventos são selecionados e distorcidos para se encaixar nesta estrutura, levando a afeto reduzido, evitação comportamental e falta de motivação, o que acaba reforçando as cognições negativas da criança.

Os programas de TCC para a depressão, conseqüentemente, tratam de déficits de habilidades emocionais e comportamentais importantes, que podem levar a repetidas experiências de fracasso, e de processos cognitivos importantes que levam a uma percepção tendenciosa e distorcida dos acontecimentos.

Principais componentes do programa de tratamento

O modelo teórico, processo e objetivos da TCC são explicados logo no início. Muitas crianças deprimidas tornaram-se socialmente isoladas e inativas, e passam um tempo considerável escutando seus pensamentos negativos e ruminando sobre seus fracassos percebidos. A intervenção, portanto, visa a promover um senso de maestria e mudança, em vez de se deter no exame das cognições negativas. O monitoramento das atividades é um primeiro passo relativamente não-exigente e proporciona uma visão geral útil da rotina diária da criança. Isso pode levar ao monitoramento afetivo, em que a criança avalia diariamente a intensidade do seu humor deprimido, para identificar momentos especialmente difíceis. O nível de atividades diárias da criança é então aumentado e são reintroduzidas atividades previamente prazerosas que tinham sido abandonadas, particularmente nos momentos de humor mais deprimido. A atividade aumentada freqüentemente resulta na melhora do humor, de modo que a criança se torna capaz de considerar e trabalhar em um nível mais cognitivo. São identificados pensamentos, crenças, suposições e distorções cognitivas negativas comuns e importantes. Estes são sistematicamente avaliados enquanto a criança é ajudada a desenvolver uma estrutura cognitiva alternativa, equilibrada e mais útil. Potenciais déficits em habilidades sociais e de resolução de problemas são identificados, e soluções são geradas, exercitadas e avaliadas. Isso ocorre em um relacionamento positivo e apoiador, em que a criança é encorajada a identificar, reconhecer e reforçar seus sucessos.

Como mencionamos previamente, o papel dos pais na TCC para a depressão geralmente tem sido limitado e tende a ser psicoeducacional. O foco, conseqüentemente, continua sendo a criança e seus problemas, e pouca atenção é dada a comportamentos parentais importantes que possam contribuir para os problemas da criança ou interferir na efetividade da intervenção. Estudos que compararam a TCC para crianças deprimidas, com e sem envolvimento parental, fracassaram em descobrir benefícios adicionais da participação parental (Clarke et al., 1999; Lewinsohn et al., 1990).

> Os programas de TCC para a depressão incluem, tipicamente:
>
> - psicoeducação;
> - monitoramento de atividades;
> - monitoramento afetivo;
> - mais atividades prazerosas;
> - identificação de cognições negativas importantes;
> - avaliação e reestruturação cognitiva;
> - treinamento de habilidades sociais e de resolução de problemas;
> - auto-reforço e prática.

Cognições importantes

As crianças com depressão tendem a apresentar algumas cognições distorcidas. Elas tendem mais a prestar atenção aos aspectos negativos dos acontecimentos e a ignorar ou deixar de lado quaisquer aspectos positivos (Kendall et al., 1990). Elas têm opiniões e expectativas negativas em relação a si mesmas (Kendall et al., 1990), ao seu desempenho e futuro, e atribuem acontecimentos positivos a causas externas, em vez de internas (Curry e Craighead, 1990). Elas tendem a fazer mais atribuições negativas sobre os acontecimentos e é provável que relatem sentimentos de culpa e desvalia (Kaslow et al., 1988; Seligman et al., 2004).

Shirk e colaboradores (2003) salientam que o principal interesse tem sido os esquemas do *self*, especialmente os relacionados ao fracasso individual. Eles observam que os esquemas das crianças com depressão tendem a ser caracterizados por uma supergeneralização, em que se supõe que o fracasso num domínio, por exemplo (trabalho escolar), se aplica a outras áreas (esportes). Eles também relatam que o pensamento tudo-ou-nada é bastante comum. Finalmente, algumas pesquisas sugerem que a ruminação sobre o humor deprimido está associada a sintomas de depressão (Abela et al., 2002).

> As crianças com depressão apresentam cognições que:
> - tendem a se concentrar nos aspectos negativos daquilo que acontece;
> - são excessivamente autocríticas;
> - atribuem o sucesso a fatores externos;
> - generalizam fracassos percebidos em um domínio para outras áreas.

■ Transtorno obsessivo-compulsivo (TOC)

Efetividade

Já foram relatados alguns experimentos clínicos abertos avaliando a efetividade da TCC individual para o tratamento do TOC na infância (Franklin et al., 1998; March et al., 1994). Os resultados desses e de outros estudos em pequena escala levaram ao consenso clínico de que a TCC é o tratamento de escolha para o tratamento do TOC na infância (March et al., 1997). Entretanto, as evidências empíricas em favor dessa opinião ainda estão se acumulando, pois só foi relatado um experimento randomizado controlado empregando um protocolo de 14 sessões, chamado *"Freedom from obsessions and compulsions using cognitive behavioral strategies* (FOCUS)" (Barrett et al., 2004). Este estudo adaptou o programa mais conhecido para o TOC, *"How I ran OCD off my Land"* (March et al., 1994), para ser executado como uma intervenção grupal com um componente familiar adicional. Os resultados de 77 crianças de 7 a 17 anos demonstraram uma redução significativa no *status* diagnóstico pós-tratamento e no seguimento aos seis meses, mas nenhuma diferença entre TCC individual ou grupal.

Fundamentos que informam o programa de tratamento

O programa de tratamento para crianças, *"How I ran OCD off my Land"* (March et al., 1994), baseia-se na teoria comportamental. Ele supõe que a ansiedade é eliciada pela exposição a um estímulo temido e que as compulsões servem para reduzir a ansiedade. O programa, conseqüentemente, está fundamentado em três estratégias comportamentais importantes. A exposição garante que a criança enfrente, sistematicamente, situações temidas e continue em sua presença até a ansiedade associada diminuir. Durante esse tempo de exposição, impede-se o engajamento nos rituais ou comportamentos compulsivos previamente aprendidos que a criança usou para reduzir sua ansiedade. Assim, a criança aprende que os níveis de ansiedade podem ser reduzidos sem a realização dos comportamentos compulsivos. O terceiro elemento envolve a remoção da atenção e do reforço parental voltados para os rituais, o que extingue sua ocorrência.

Embora as intervenções comportamentais tenham-se mostrado efetivas, o interesse recente se voltou para a avaliação da aplicabilidade, na terapia infantil, do modelo cognitivo do TOC desenvolvido para o trabalho com adultos (Salkovskis, 1985; 1989). O modelo enfatiza que não são os pensamentos intrusivos obsessivos em si que causam angústia, e sim a maneira pela qual o indivíduo os avalia. Avaliações importantes envolvendo culpa ou uma responsabilidade inflada por causar danos a si mesmo e a outros produzem um desconforto intolerável, que é reduzido pela execução de comportamentos (compulsivos) neutralizadores. O modelo sugere que a superestimativa, tanto da probabilidade de danos quanto da gravidade dos danos, é central para o desenvolvimento e manutenção do TOC. Além disso, outros processos cognitivos importantes associados à manutenção do TOC incluem fusão de pensamento-ação ("Eu penso isso, portanto, isso vai acontecer"), dúvida sobre si mesmo (levando à indecisão) e uma falta percebida de controle cognitivo (que leva ao aumento dos pensamentos intrusivos) (O'Kearney, 1998).

Em termos de características familiares, descobriu-se que os pais das crianças com TOC confiam menos nas capacidades dos filhos, recompensam menos a independência e tendem menos a usar habilidades positivas de solução de problemas (Barrett et al., 2002). Hibbs e colaboradores (1991) demonstraram que os pais das crianças com TOC eram excessivamente críticos e superenvolvidos com os filhos. Os pais e os irmãos tendem a acomodar e a se envolver no TOC, o que acaba mantendo os sintomas (Barrett et al., 2004).

Principais componentes do programa de tratamento

O primeiro objetivo da psicoeducação é externalizar o TOC como separado da criança. Isso desafia as percepções parentais de que o TOC da criança é um mau comportamento e teimosia por parte dela, e une pais e filho no objetivo comum de vencer o TOC, juntos. O segundo objetivo é proporcionar um entendimento dos princípios do tratamento, da intervenção e do papel dos pais no programa. Isso é seguido por um processo de mapear situações em que a criança identifica e monitora seus pensamentos obsessivos e comportamentos compulsivos e o grau de sofrimento associado a eles. O manejo da ansiedade é o próximo passo e fornece à criança maneiras alternativas de lidar com seus sentimentos de ansiedade. O programa FOCUS (Barrett et al., 2004) presta maior atenção às cognições da criança e destaca e avalia armadilhas comuns de pensamento (por exemplo, cognições sobre responsabilidade e maior probabilidade) e estratégias cognitivas prejudiciais (por exemplo, supressão de pensamentos). A criança é encorajada a questionar suas maneiras prejudiciais de pensar por meio da fala interna positiva, que pode ser usada para dominar e mandar embora os pensamentos obsessivos. Depois que a criança estiver de posse de algumas estratégias emocionais e cognitivas, cria-se uma hierarquia de suas obsessões e compulsões. Partindo do menos assustador, a criança enfrenta e supera cada item de sua hierarquia de medos sem executar nenhum comportamento compulsivo. Uma série de recompensas reconhece e elogia o sucesso da criança e aumenta sua motivação para tentar o próximo item.

O papel dos pais no programa original desenvolvido por March e colaboradores (1994) era limitado e preocupava-se principalmente com a psicoeducação. O programa FOCUS (Barrett et al., 2004) inclui uma substancial intervenção paralela envolvendo pais e irmãos: psicoeducação, desenvolvimento de habilidades de resolução de problemas e estratégias para reduzir o envolvimento parental nos sintomas da criança, assim como encorajamento e apoio durante parte do programa de exposição e prevenção de resposta.

> Os principais componentes das intervenções para o TOC incluem:
>
> - psicoeducação;
> - automonitoramento e mapeamento;
> - manejo da ansiedade;
> - identificação de importantes cognições e armadilhas de pensamento;
> - assunção do comando do TOC;
> - criação de uma hierarquia de medos;
> - exposição e prevenção de resposta;
> - reforço positivo.

Cognições importantes

O modelo cognitivo do TOC (Salkovskis, 1985, 1989) forneceu uma estrutura útil para avaliar cognições e processos potencialmente importantes nas crianças. Segundo esse modelo, descobriu-se que as crianças com TOC apresentam estimativas significativamente mais elevadas de responsabilidade e gravidade de danos, fusão de pensamento-ação e menor controle cognitivo do que um grupo de crianças não-encaminhadas para tratamento (Barrett e Healy, 2003). Igualmente, Libby e colaboradores (2004) descobriram que crianças com TOC tinham escores mais elevados em medidas de responsabilidade inflada e fusão de pensamento-ação, e que a responsabilidade inflada predizia a gravidade dos sintomas de TOC. Entretanto, os achados não são consistentes e, embora exista algum apoio para a aplicabilidade desse modelo, ele talvez não explique adequadamente o TOC em crianças (Barrett et al., 2003; Libby et al., 2004).

> As crianças com TOC tendem a:
>
> - apresentar estimativas infladas de responsabilidade;
> - apresentar expectativas mais elevadas de que coisas ruins acontecerão;
> - demonstrar fusão de pensamento-ação.

■ Transtorno de estresse pós-traumático (TEPT)

Efetividade

Já foram relatados alguns ECRs sobre a efetividade da TCC focada no trauma. Tipicamente, essas intervenções tratam dos principais aspectos do TEPT: reexperiência do trauma, maior excitação e evitação de eventos associados ao trauma. O maior experimento, envolvendo 229 crianças, descobriu que aquelas que receberam TCC focada no trauma apresentaram melhoras pós-tratamento significativamente maiores em termos da sintomatologia do TEPT, depressão, comportamento, vergonha e atribuições relacionadas ao abuso do que aquelas que receberam terapia centrada na criança (Cohen et al., 2004). A TCC focada no trauma também se mostrou efetiva com crianças entre 2 e 8 anos (Cohen e Mannarino, 1996; Deblinger et al., 2001). Entretanto, alguns estudos fracassaram em encontrar as mudanças esperadas nos sintomas do TEPT (Celano et al., 1966), ou descobriram que o envolvimento parental resultava em mais benefícios do que a terapia apenas com a criança (King et al., 2000). Finalmente, a maioria dos experimentos randomizados foi realizada com crianças sexualmente abusadas. São necessários mais estudos bemcontrolados para avaliar a aplicabilidade desses programas a outros grupos traumatizados.

Fundamentos que informam o programa de tratamento

Os primeiros modelos baseavam-se principalmente na teoria da aprendizagem, que supunha que os estímulos associados ao trauma se tornavam condicionados a reações emocionais. Conseqüentemente, as intervenções utilizavam a exposição (imaginária e ao vivo) para facilitar o processamento emocional de memórias traumáticas. Mas tem havido um crescente reconhecimento da importância dos fatores cognitivos no início e na manutenção do TEPT (Ehlers e Clark, 2000) e é preciso avaliar se esse modelo desenvolvido com adultos também se aplica às crianças. O modelo supõe que o evento traumático não é cognitivamente processado e é deficientemente integrado à memória. O evento é visto, negativamente, como catastrófico ou devastador, e a criança interpreta mal os seus sintomas (por exemplo, "Eu estou ficando louca"), o que cria um senso de ameaça atual. O uso de comportamentos de evitação e estratégias cognitivas como ruminação ou supressão de pensamentos impede que o trauma seja processado e serve para reforçar o senso de ameaça atual.

Principais componentes do programa de tratamento

A TCC focada no trauma tem como alvo os principais aspectos do TEPT nos domínios cognitivo (reexperiência do trauma), emocional (excitação aumentada) e comportamental (evitação).

O modelo e o processo cognitivo de terapia são explicados. A psicoeducação ajuda a criança a compreender reações comuns a eventos traumáticos e dá início ao processo de normalizar suas reações e questionar suas crenças sobre os sintomas ("Devo estar ficando louca"). A possibilidade de conseguir mudanças positivas é reforçada e a criança é encorajada a retomar as atividades cotidianas e prazerosas que abandonara. São aprendidas habilidades de manejo da ansiedade e a criança é ensinada a avaliar a intensidade dos seus sentimentos, habilidades essas que serão úteis no próximo estágio, o da exposição. A criança é ajudada a processar seu trauma desenvolvendo uma narrativa em que o evento é reconstruído do início ao fim. Cognições importantes são eliciadas e discutidas, e são desencorajados os processos cognitivos disfuncionais que impedem o processamento do trauma (supressão de pensamentos, evitação). A repetida exposição imaginária às partes do trauma mais perturbadoras continua até o sofrimento associado se reduzir. Isso pode ser seguido pela exposição ao vivo por meio de experimentos comportamentais em que a criança aprende a enfrentar e a manejar quaisquer eventos ou lembretes do trauma que estão sendo evitados.

A maioria dos programas envolve um componente parental. Os pais são ajudados a conversar sobre o trauma com a criança e a identificar e questionar suas próprias cognições desadaptativas sobre o que aconteceu. Eles são incentivados a apoiar a criança durante as tarefas de exposição e a ser menos protetores ou menos superenvolvidos com a criança.

> Os principais componentes dos programas de TCC para o TEPT incluem:
>
> - psicoeducação;
> - reengajamento em atividades;
> - manejo e monitoramento da ansiedade;
> - criação de uma narrativa do trauma;
> - exposição;
> - reestruturação cognitiva.

Cognições importantes

Algumas cognições potencialmente importantes foram identificadas como contribuintes para o início e a manutenção do TEPT e devem ser focalizadas durante a terapia. Elas incluem as atribuições sobre o evento (por exemplo, como algo capaz de arruinar toda a vida da pessoa) ou os sintomas (por exemplo, "Eu estou ficando louca"). Precisamos eliciar e questionar as atribuições de responsabilidade pela ocorrência do trauma ("Isso é culpa minha"), a vergonha pela forma de se comportar e a culpa pelo que ela deveria ou não deveria ter feito. Finalmente, o uso de estratégias cognitivas disfuncionais de manejo – como supressão, ruminação e evitação – deve ser desestimulado.

> As cognições associadas ao TEPT incluem:
>
> - atribuições negativas sobre o trauma e/ou seus sintomas;
> - atribuições de responsabilidade, reprovação, vergonha e culpa;
> - o uso de estratégias cognitivas disfuncionais, como supressão de pensamentos, distração e ruminação.

Materiais psicoeducacionais

Neste livro estão incluídos materiais psicoeducacionais que podem ser utilizados com crianças que apresentam problemas associados à ansiedade ("Vencendo a ansiedade"), depressão ("Derrotando a depressão"), TOC ("Controlando preocupações e hábitos") e trauma ("Lidando com o trauma"). Esses materiais fornecem um resumo dos sintomas comuns associados a cada problema e uma visão geral de algumas das estratégias de TCC que poderiam ser úteis. Eles foram planejados como adjuntos das sessões de terapia. Transmitem à criança e aos pais uma visão geral e preparam a criança para algumas das áreas que poderiam ser tratadas com maior profundidade durante a TCC. Os materiais não pretendem ser prescritivos. A ênfase e o foco da intervenção serão determinados com base na formulação do caso.

BONS PENSAMENTOS – BONS SENTIMENTOS

Vencendo a ansiedade

Há momentos em que nos sentimos preocupados, ansiosos, tensos ou estressados. Geralmente há uma razão para isso.

- ▶ Fazer uma coisa nova ou difícil, como uma prova para o time de esportes da escola.
- ▶ Dizer a alguém algo que ele não gostará de ouvir, como "Eu não quero mais ser teu amigo".
- ▶ Preparar-se para alguma coisa importante, como um exame.

Normalmente, nós nos sentimos melhor depois de enfrentar as preocupações. Outras vezes, esses sentimentos desagradáveis parecem muito fortes, são freqüentes ou parecem durar muito tempo. Nem sempre conseguimos descobrir uma razão clara para eles, e pode parecer difícil saber o que está nos deixando ansiosos. Às vezes nós descobrimos que esses sentimentos desagradáveis nos impedem de fazer coisas que gostaríamos de fazer. Nesses momentos, seria bom aprender a **vencer a ansiedade**.

Compreenda seus sentimentos ansiosos

Quando as pessoas ficam ansiosas ou apavoradas, elas geralmente percebem algumas mudanças em seu corpo. Isso se chama reação de LUTA ou FUGA. O seu corpo se prepara para correr ou para enfrentar e lutar contra a coisa assustadora. Os principais sinais estão

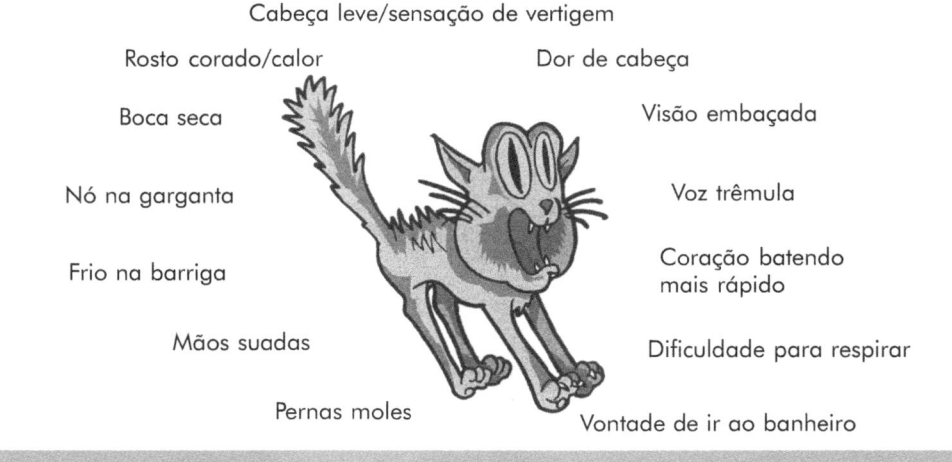

Cabeça leve/sensação de vertigem

Rosto corado/calor

Dor de cabeça

Boca seca

Visão embaçada

Nó na garganta

Voz trêmula

Frio na barriga

Coração batendo mais rápido

Mãos suadas

Dificuldade para respirar

Pernas moles

Vontade de ir ao banheiro

listados a seguir. Compreender quais deles são mais fortes ajudará você a perceber melhor sempre que estiver começando a se alterar.

Aprenda a relaxar

Podemos controlar nossos sentimentos ansiosos aprendendo a relaxar. Nós podemos fazer isso de diferentes maneiras, mas temos de lembrar que:

- ▶ Não existe **uma maneira única** de controlar sentimentos ansiosos.
- ▶ **Métodos diferentes** serão úteis em momentos diferentes.
- ▶ É importante **descobrir o que funciona para você**.

Exercício físico

Às vezes, você perceberá que se sentiu ansioso a maior parte do dia. Você sentiu muita, muita ansiedade e, quando isso acontece, o **exercício físico** é uma ótima maneira de relaxar.

Uma boa corrida, uma caminhada rápida, andar de bicicleta ou nadar são coisas que podem ajudar você a se livrar dos sentimentos de ansiedade e a se sentir melhor.

Atividades alternativas

A segunda maneira de relaxar é descobrir outra coisa para pensar e fazer. Em vez de ficar ouvindo seus pensamentos negativos ou de se concentrar nos sentimentos de ansiedade, tente fazer alguma outra coisa.

Algumas pessoas descobrem que podem desligar esses pensamentos e sentimentos absorvendo-se totalmente em alguma atividade.

Jogos de computador, ler, ver TV/DVD, tocar um instrumento, ouvir rádio ou música podem ajudar.

Quanto mais você se concentrar no que estiver fazendo, mais expulsará pensamentos ou sentimentos negativos.

Nos momentos em que perceber que está prestando atenção nos seus pensamentos negativos, tente uma das atividades que você sente que ajuda. Então, por exemplo:

- ▶ Em vez de ficar deitado na cama prestando atenção nos seus pensamentos negativos, ligue o som e escute um pouco de música.
- ▶ Em vez de se preocupar pensando se seu amigo vai telefonar ou não, leia uma revista.

Quanto mais você praticar, mais facilidade terá para bloquear seus pensamentos negativos e melhor se sentirá.

Respiração controlada

Há momentos em que nos damos conta, subitamente, de que estamos ansiosos e precisamos de uma maneira rápida de relaxar e recuperar o controle.

A **respiração controlada** é um meio rápido que pode ajudar. A idéia é se concentrar na respiração e isso ajudará você a relaxar. Você pode utilizar este método em qualquer lugar e geralmente as pessoas nem sequer percebem o que você está fazendo!

Inspire lenta e profundamente, segure o ar por cinco segundos e depois expire lentamente. Ao expirar, diga a si mesmo: 'relaxe'. Fazer isso algumas vezes o ajudará a recuperar o controle do seu corpo e a se sentir mais calmo.

Meu lugar relaxante

Com este método você se acalma pensando em um lugar especial que considera repousante.

Pense sobre o lugar dos seus sonhos. Pode ser um lugar onde você esteve ou um lugar imaginário. Imagine a cena e a torne tão real quando puder. Pense sobre:

- o barulho das ondas quebrando na praia ou o som do vento soprando nas árvores
- o cheiro do mar ou o aroma dos pinheiros
- o sol aquecendo seu rosto ou o vento soprando suavemente em seus cabelos.

Às vezes, nós ficamos muito ansiosos quando precisamos fazer alguma coisa nova ou desafiadora. Esta maneira de relaxar pode ajudar você a se preparar, para que se sinta mais relaxado antes de enfrentar seu problema ou situação difícil. Lembre, quanto mais você praticar, mais isso o ajudará.

Identifique os pensamentos que o preocupam

É importante identificar seus pensamentos negativos, críticos ou preocupantes. As pessoas que se sentem ansiosas geralmente:

- têm pensamentos muito negativos
- têm dificuldade para pensar, ouvir ou enxergar algo de bom em si mesmas
- não reconhecem suas habilidades positivas

- tendem a esperar que coisas ruins aconteçam
- têm maior dificuldade para pensar que podem ter sucesso
- vêem o seu futuro como sombrio.

Para alguns, esta maneira de pensar assume o controle. Seus pensamentos se tornam negativos, de modo geral, e elas se sentem **ANSIOSAS** com freqüência.

Será que você está preso em uma armadilha de pensamento?

Você pode se dar conta de que está pensando de maneira negativa. São as chamadas armadilhas de pensamento, e há quatro muito comuns:

Óculos negativos – só deixam você enxergar uma parte do que acontece – a parte negativa! Você tem dificuldade para ver as coisas boas ou positivas que acontecem.

O positivo não conta – qualquer coisa positiva é descartada, como pouco importante, ou desconsiderada.

Explodindo tudo – as pequenas coisas negativas que acontecem se tornam maiores do que realmente são.

Prever que coisas ruins acontecerão. Isso se dá principalmente de duas maneiras:

Você se torna o **"Leitor de pensamentos"**, que acha que sabe o que todos estão pensando.

Você se torna o **"Adivinhador"**, que acha que sabe o que irá acontecer.

Verifique e teste seus pensamentos

Testando seus pensamentos, você pode se certificar de que não está preso em uma armadilha negativa de pensamento. Isso pode ajudá-lo a descobrir algumas das **coisas positivas**, que você pode estar ignorando ou deixando de lado, e a aprender que existe outra maneira de pensar sobre as coisas.

Para testar seus pensamentos, tente fazer o seguinte:

- Escreva o pensamento negativo que você ouve com maior freqüência.
- Escreva todas as evidências que confirmam esse pensamento.
- Escreva todas as evidências que contestam esse pensamento.
- Pergunte-se o que seu melhor amigo/professor/seus pais diriam se ouvissem você pensando assim.
- Depois de fazer isso, pense: será que existe uma maneira mais equilibrada de pensar sobre essas coisas?

Crie um experimento e teste seus pensamentos

Uma coisa que pode ajudar é criar experimentos para testar seus pensamentos e ver se aquilo que você está pensando que vai acontecer realmente acontece. Para fazer um experimento você precisa pôr no papel:

- seus **pensamentos**
- um **experimento** inventado por você para testá-los
- sua **expectativa** (aquilo que você espera que aconteça)
- o que **realmente aconteceu**

Transforme pensamentos prejudiciais em pensamentos que ajudam

Às vezes, pensar sobre as coisas de maneira mais positiva pode ajudar e fazer com que você não se sinta tão ansioso.

Então, da próxima vez que você tiver de fazer alguma coisa que o deixe preocupado ou ansioso, ouça seus pensamentos e tente **transformar o Negativo em Positivo**.

Enfrente seus medos

As pessoas, freqüentemente, aprendem a lidar com suas preocupações e sentimentos de ansiedade evitando aquilo que as preocupa. Isso pode fazer com que você se sinta melhor, mas não o ajuda a superar as preocupações. Nesses momentos, convém **Enfrentar seus medos** e aprender a superar esses problemas.

Você pode fazer isso da seguinte maneira:

- ▶ Identifique o desafio – o medo que você quer enfrentar.
- ▶ Divida o desafio em etapas menores – isso aumentará as chances de sucesso.
- ▶ Quais são os bons pensamentos que o ajudarão a ser bem-sucedido?
- ▶ Relaxe, use seus bons pensamentos e dê o primeiro passo para superar seu medo.
- ▶ Não se esqueça de dizer a si mesmo como você se saiu bem!

Depois de conseguir isso, tente dar o próximo passo e continuar até superar todo o medo.

Não esqueça de se elogiar

Nós nem sempre somos bons em nos elogiar e dizer "muito bem". Assim, quando você tentar **vencer sua ansiedade** e **enfrentar seus medos**, lembre-se de se elogiar. Afinal de contas, você merece por ter tentado!

Derrotando a depressão

Há momentos em que nos sentimos tristes, aborrecidos ou infelizes. Na maior parte do tempo, esses sentimentos vêm e vão, mas às vezes eles perduram e assumem o controle. Você não consegue modificá-los e acaba se sentindo deprimido. Você talvez perceba que:

- sente vontade de chorar com freqüência
- chora sem nenhuma razão clara ou por pequenas coisas
- acorda cedo de manhã
- tem dificuldade em adormecer à noite
- se sente constantemente cansado e com falta de energia
- come para se consolar ou perde o apetite
- tem dificuldade para se concentrar
- pára de fazer as coisas que gostava de fazer
- sai menos e só quer ficar sozinho.

Estes são alguns dos muitos sinais de que a depressão tomou conta de você e **é hora de lutar contra ela**!

É duro dar a partida

Quando você se sente assim é muito difícil se pôr em movimento de novo. Parece que você está tentando empurrar um elefante morro acima. Tudo parece impossível ou trabalhoso demais e você pode sentir que nem sequer consegue tentar.

Isso faz parte da depressão e uma das coisas mais difíceis é dar o primeiro passo. Duas coisas podem ajudar a dar a partida.

- Diga às pessoas que você vai começar a lutar contra a depressão. Elas podem ajudar, apoiar e encorajar você.
- A outra coisa é lembrar que **você** pode fazer diferença em como se sente. É difícil, mas há coisas que você pode fazer para se sentir melhor.

Verifique o que você faz e como se sente

Quando as pessoas se sentem tristes, elas param de fazer coisas. Elas não saem tanto e podem ficar simplesmente sentadas ou permanecer na cama todo o dia. Um primeiro passo importante é verificar o que você está fazendo e ver se há momentos durante o dia em que você se sente pior.

A cada hora, escreva numa folha de papel o que você fez e escolha um número de 10 (sinto-me realmente bem) a 1 (sinto-me realmente triste) para avaliar o seu humor. O diário de Lisa ficou mais ou menos assim:

- 10h – Na cama. Humor 3
- 11h – Na cama. Humor 2
- 12h – Sentada no meu quarto, pensando. Humor 1
- 13h – No andar de baixo, almocei com minha mãe. Humor 6
- 14h – No meu quarto, escutando música. Humor 6
- 15h – No meu quarto. Sentada, pensando. Humor 2

Isso ajudou Lisa a ver que ela se sentia pior quando estava sentada em seu quarto sem fazer nada. Quando ela estava no andar de baixo com outras pessoas ou escutando música, ela se sentia melhor.

Descubra as coisas divertidas

Quando você fica triste pára de fazer coisas, mesmo aquelas que você costumava gostar de fazer! Passatempos, interesses, atividades ou ir a lugares que você costumava gostar de ir (como ao cinema) acontecem muito mais raramente.

Uma das primeiras coisas a fazer é começar a se divertir novamente. Tente fazer uma lista de todas as coisas divertidas que você costumava fazer e apreciar. A lista de Mike era mais ou menos assim:

- Parei de tocar guitarra.
- Não ouço música com a freqüência de antes.
- Não telefono mais para os amigos – espero que eles me telefonem.
- Não consigo ler nada.
- Faz meses que não me reúno com a galera no sábado à tarde.

Mike estava se sentindo muito para baixo, e até mesmo tentar fazer alguma coisa que antes lhe dava prazer parecia impossível. Já que este primeiro passo pode ser tão difícil é importante que ele seja **pequeno**.

Mike decidiu começar tocando a guitarra por cinco minutos todos os dias. Ele achou que isso seria possível e, ao estabelecer uma meta bem simples, a chance de ele ter sucesso seria maior. Assim que começou a tocar, Mike percebeu como ele sempre adorara tocar e logo estava tocando com muito mais freqüência e por um tempo bem mais longo.

Mike então passou para o próximo passo, que era telefonar para um amigo a cada semana. Mike descobriu que, quanto mais coisas ele fazia, mais se divertia e mais coisas queria fazer.

Você pode descobrir que é capaz de fazer coisas novamente, mas que elas não parecem mais tão divertidas quanto costumavam ser. Não se preocupe, o prazer pode demorar um pouco mais para voltar. Continue lembrando a si mesmo que você está se saindo bem e não esqueça que ficar ocupado lhe dá menos tempo para ouvir seus pensamentos negativos.

Descubra seus pensamentos negativos

As pessoas que se sentem tristes e deprimidas têm pensamentos negativos. É mais provável que elas:

▶ Procurem e encontrem as coisas negativas ou ruins que acontecem.
▶ Ignorem as coisas boas.
▶ Critiquem muito a si mesmas e o que fazem.
▶ Pensem que as coisas que dão errado são culpa delas.
▶ Transfiram as coisas que dão errado em uma área (por exemplo, não vencer uma corrida) para outras partes de sua vida (por exemplo, "Eu sou um perdedor").

Esta é a Armadilha Negativa

▶ Quanto mais você escuta esses pensamentos
▶ Mais você acredita neles
▶ Menos você faz e
▶ Pior você se sente.

Você tem de se dar conta de seus pensamentos negativos e descobrir se está preso em uma armadilha de pensamento. As quatro armadilhas comuns são:

Óculos negativos – só deixam você enxergar as coisas negativas que acontecem!

Jô achava que as pessoas não gostavam dela. Ela percebeu que Gemma se virou para o outro lado e continuou conversando com Sam quando ela disse "Oi". Seus óculos negativos não a deixaram ver que Sue, Claire e Becky todas sorriram e retribuíram o seu "Oi".

O positivo não conta – qualquer coisa positiva que aconteça é considerada sem importância ou, então, pura sorte.

A mãe de Tom lhe disse que ele se saíra bem na prova de matemática, mas Tom replicou: "Todo o mundo se saiu bem e, de qualquer maneira, essas provas não têm importância".

Explodindo as coisas – pequenas coisas negativas se tornam maiores do que realmente são.

Julie esqueceu de telefonar à sua amiga Mary depois da escola. Quando Julie lembrou, ela pensou: "Eu sempre falho com as minhas amigas, de modo que ninguém mais vai querer ser minha amiga".

Prever que vão acontecer coisas ruins. Isso se dá principalmente de duas maneiras:

O **"Leitor de pensamentos"** acha que sabe o que todo o mundo está pensando – "Eu acho que o Scott não gosta de mim".

O **"Adivinhador"** acha que sabe o que vai acontecer – "Eu sei que vou dizer alguma coisa idiota e todos vão rir de mim".

Questione os seus pensamentos negativos

Depois que descobrir quais são seus pensamentos negativos e souber em qual armadilha negativa caiu, você pode aprender a **lutar contra isso**.

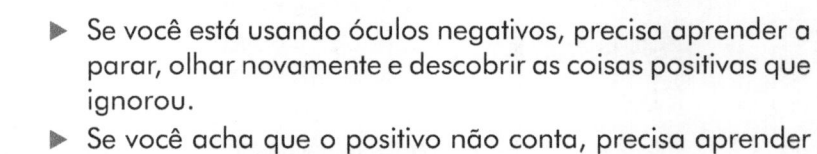

▶ Se você está usando óculos negativos, precisa aprender a parar, olhar novamente e descobrir as coisas positivas que ignorou.
▶ Se você acha que o positivo não conta, precisa aprender a aceitar e celebrar seus sucessos.
▶ Se você explode as coisas, precisa aprender a parar de deixar que elas caiam sobre você e aumentem de tamanho.
▶ Se você prediz que coisas ruins acontecerão, precisa parar de olhar em sua bola de cristal, e enxergar o que realmente acontece!

Aprenda a lidar com qualquer problema

As pessoas que se sentem deprimidas às vezes acham que não sabem lidar com seus problemas. As dificuldades com amigos, família ou professores podem parecer tão grandes que você simplesmente não sabe como enfrentá-las.

Pense sobre TODAS as soluções possíveis

Pense sobre o seu problema e escreva todas as soluções possíveis. Uma coisa que ajuda é se perguntar: posso fazer tal coisa **OU**...

Sade queria ir ao cinema, mas não queria ir sozinha. Ela ficava adiando essa questão, pensando que ninguém se interessaria pelo filme que ela queria ver. Lilian tentou a pergunta "OU" na sua busca de soluções:

> Posso convidar a minha amiga Mandy **OU**
> Posso ver se a Sally quer ir **OU**
> Posso convidar a Gemma **OU**
> Posso ver se a mãe ou o pai querem ir **OU**
> Posso convidar minha irmã Lucy **OU**
> Posso convidar minha prima Jade

Isso ajudou Lilian a perceber que havia muitas pessoas com as quais ela poderia ir ao cinema, de modo que não havia necessidade de ficar adiando isso.

Exercite ter sucesso

Quando nos deparamos com um desafio ou uma situação nova, é fácil esperar o fracasso ou pensar que as coisas vão dar errado. Esta é uma das armadilhas negativas em que prevemos que acontecerão coisas ruins. Uma maneira útil de sair dela é imaginar uma cena de você tendo sucesso.

Imagine uma cena do seu desafio e converse consigo mesmo sobre o que vai acontecer. Pense em todos os passos envolvidos, mas, desta vez, se imagine lidando bem com a situação e tendo sucesso. Torne sua cena tão real quanto possível e a descreva com muitos detalhes.

Exercitar isso algumas vezes o ajudará a ver que, mesmo sendo difícil, você é capaz de se sair bem.

Observe o que as outras pessoas fazem

Outra maneira útil de resolver problemas é observar alguém que se sai bem e aprender o que ele faz.

Susheela era sempre alvo de brincadeiras na escola e muitas vezes acabava ficando zangada, aborrecida e explodia. Quanto mais ela reagia, mais as outras crianças implicavam com ela.

Susheela decidiu observar como sua amiga Nina lidava com esse tipo de brincadeira. Nina fôra alvo de muita implicância quando entrara na escola e, embora as outras crianças ainda implicassem com ela, isso agora era bem mais raro. Susheela observou o que acontecia. Quando as outras crianças começavam a dizer nomes feios para Nina, ela simplesmente sorria e concordava com elas. Ela não brigava, nem reagia exageradamente. Depois de um minuto, as crianças se aborreciam e iam procurar alguém mais para incomodar.

Fala interna positiva

Uma boa maneira de ajudar a si mesmo numa situação difícil ou preocupante é a fala interna, o conversar consigo mesmo. A fala interna positiva o ajuda a ficar mais relaxado e confiante, ao manter sob controle as dúvidas e preocupações. Você faz isso dizendo coisas positivas a si mesmo quando se sente preocupado ou com medo de não ter sucesso.

▶ **Eu vou** voltar àquele lugar de novo.
▶ **Eu consegui** chegar à porta e agora eu vou entrar.

Repita sua mensagem positiva e elogie a si mesmo sempre que enfrentar um desafio.

Elogie a si mesmo por tentar

Quando você estiver se sentindo triste, pode ser difícil se elogiar e dizer "muito bem".

Sempre parece haver tantas coisas que você gostaria de fazer ou poderia fazer melhor que fica difícil perceber aquilo que você já conseguiu.

Você nem sempre terá sucesso, mas isso não importa. O importante é que você tentou e começou a **lutar contra o problema**. Então, não ignore isso, elogie a si mesmo por tentar.

Controlando preocupações e hábitos

Nós, muitas vezes, temos **pensamentos obsessivos** que ficam se repetindo na nossa cabeça. Às vezes, esses pensamentos não param e são sobre coisas preocupantes como germes, perigos ou coisas ruins que podem acontecer:

- Pensamos que as pessoas vão se machucar ou se envolver em acidentes.
- Pensamos que vamos ser contaminados ou transmitir aos outros germes ou doenças.
- Pensamos que fomos grosseiros ou nos comportamos de modo inadequado.

Pode ser difícil deixar de ter pensamentos obsessivos como estes. Como eles são muito preocupantes, podemos nos sentir incomodados ou ansiosos. Em busca de alívio, as pessoas muitas vezes tentam fazer parar ou cessar esses pensamentos agindo de uma maneira que faz com que se sintam melhor. Essas ações são chamadas de **"comportamentos de verificação"**, **hábitos** ou **comportamentos compulsivos**, e incluem coisas como:

- Lavar as mãos ou as roupas.
- Verificar coisas – como portas, interruptores de luz, janelas.
- Fazer coisas (como se lavar ou se vestir) de uma maneira especial.
- Repetir palavras, expressões ou números um determinado número de vezes.

Comportamentos compulsivos como esses podem assumir o controle. Cada dia se torna uma luta, e cada vez mais tempo é gasto nesses comportamentos compulsivos. Isto é chamado de **Transtorno Obsessivo-Compulsivo** ou **TOC**, para abreviar. Se isso acontecer, você precisa aprender a **retomar o controle da sua vida**.

Lidando com pensamentos obsessivos

Todos nós temos pensamentos preocupantes

Normalmente, nós não contamos a ninguém que temos pensamentos preocupantes. Nós os mantemos em segredo. Podemos achar que as outras pessoas não compreenderão, ficarão zangadas ou acharão que estamos sendo bobos, de modo que os mantemos trancados na nossa cabeça.

A primeira coisa que você precisa saber é que **não está sendo bobo**. Todo o mundo tem pensamentos preocupantes de vez em quando.

▶ Derramamos ou tocamos em alguma coisa e ficamos com medo de ser contaminados por algum germe.
▶ Esquecemos de desligar a TV da tomada e ficamos pensando se ela não vai pegar fogo.
▶ Brigamos com alguém e desejamos que algo horrível aconteça com essa pessoa.

Assim, **todas as pessoas têm pensamentos ruins ou preocupantes**.

Pensar alguma coisa não significa que ela vai acontecer

Pensamentos preocupantes são muito comuns, mas a diferença é que a pessoa com TOC **acredita que seus pensamentos se tornarão realidade**. Por isso, alguém com TOC pode:

▶ pensar que a sua mãe vai ter um acidente de carro e acreditar que isso vai acontecer.
▶ pensar que tem uma doença grave e acreditar que a transmitirá aos outros se tocar neles.

São só as coisas ruins que nós acreditamos ter o poder de fazer acontecer. Pensar que vamos ganhar na loteria ou tirar "A" na prova de matemática não faz com que isso aconteça.

Então, a segunda coisa que temos de saber é que **pensar alguma coisa não significa que ela vai acontecer!**

Examine a cadeia de eventos

Como você escuta com tanta freqüência seus pensamentos obsessivos, acaba acreditando neles e não se dá ao trabalho de examiná-los. Às vezes, é importante testá-los e verificar se eles realmente são verdadeiros.

Mike temia passar germes para as pessoas e torná-las gravemente doentes. Ele se preocupava com a possibilidade de tocar numa maçaneta e passar germes para a próxima pessoa que tocasse a maçaneta. Mike elaborou a **cadeia de eventos** que precisariam acontecer para que isso fosse verdade.

- Mike teria de estar com uma doença grave.
- Essa doença teria de ser transmissível pelo toque.
- Os germes precisariam estar em suas mãos quando ele tocasse na porta.
- Os germes teriam de passar da sua mão para a maçaneta da porta.
- Os germes precisariam permanecer "vivos" no trinco da porta.
- Os germes precisariam ser apanhados pela próxima pessoa que tocasse no trinco.
- Os germes teriam de entrar no corpo da pessoa.
- Os germes teriam de ser suficientemente resistentes para derrotar as defesas do corpo.
- A pessoa, então, ficaria doente.

Escrever todas as etapas envolvidas é útil e mostra quantas coisas precisam acontecer antes que a preocupação se realize.

Qual é a probabilidade de cada etapa acontecer?

O grande problema no TOC é que ele nos engana e nos induz a pensar que coisas ruins **definitivamente** acontecerão. Nós precisamos estar atentos a esse engano e examinar bem as coisas.

Examine sua **cadeia de eventos** e avalie a probabilidade de cada etapa acontecer. Em cada etapa pergunte a si mesmo "**Qual é a probabilidade de...**" e escolha um número entre 1 e 100 para mostrar quão provável é que isso aconteça. 100 significa absolutamente certo e 0 significa extremamente improvável.
Mike fez isso para avaliar a sua cadeia de eventos.

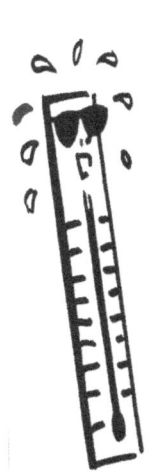

- A probabilidade de eu ter uma doença grave (60)
- A probabilidade de eu transmiti-la pelo toque (40)
- A probabilidade de eu ter germes nas mãos quando tocar na porta (74)
- A probabilidade de os germes passarem para o trinco (70)
- A probabilidade de os germes permanecerem "vivos" na maçaneta da porta (25)
- A probabilidade de os germes serem apanhados pela próxima pessoa que tocar no trinco (20)
- A probabilidade de os germes entrarem no corpo da pessoa (18)
- A probabilidade de os germes serem mais fortes do que as defesas do corpo (45)
- A probabilidade de ela adoecer (60)

Isso ajudou Mike a ver que as chances de ele tornar alguém gravemente doente eram, na verdade, muito, muito pequenas.

Não tente fazer parar seus pensamentos

Algumas pessoas se esforçam muito para não pensar em seus pensamentos obsessivos. Isso parece fazer sentido, mas nós sabemos que não funciona. Quanto mais nos esforçamos para não pensar neles, mais pensamos.

Não tente fazê-los parar. Deixe que aconteçam, mas **aprenda a viver com eles**.

Aprenda a controlar sentimentos ansiosos

Pensamentos obsessivos e preocupantes o deixarão ansioso ou incomodado. Você pode tentar controlar esses sentimentos aprendendo a relaxar. Você pode fazer isso de diferentes maneiras, mas lembre:

- **Não existe uma maneira única** de controlar seus sentimentos ansiosos.
- **Diferentes métodos** podem ser úteis em diferentes momentos.
- É importante **descobrir o que funciona para você**.

Exercício físico

O exercício físico é uma ótima maneira de relaxar. Uma boa corrida, uma caminhada rápida, andar de bicicleta ou nadar são coisas que podem ajudar você a se livrar dos sentimentos de ansiedade e fazer com que se sinta melhor.

Atividades alternativas

Há algumas coisas que podem mudar realmente a sua atenção e fazer com que esqueça tudo o mais. Essas coisas podem ajudar você a desligar e relaxar.

Jogos de computador, ler, assistir à TV/DVD, tocar um instrumento, ouvir rádio ou música podem ajudar.

Se você perceber que está ansioso ou incomodado, tente mergulhar em alguma atividade que realmente aprecia.

Respiração controlada

Há momentos em que você pode perceber, subitamente, que ficou ansioso e precisa de uma maneira rápida para relaxar e recuperar o controle.

A respiração controlada é um método rápido que pode ajudar. A idéia é se concentrar na respiração e isso o ajudará a relaxar. Você pode usar este método em qualquer lugar e as pessoas geralmente nem notam o que você está fazendo!

Inspire lenta e profundamente, segure o ar por cinco segundos e depois expire muito lentamente. Ao inspirar, diga a si mesmo: "relaxe". Fazer isso algumas vezes o ajudará a recuperar o controle e a se sentir mais calmo.

Meu lugar relaxante

Com este método, você esfria a cabeça pensando sobre um lugar especial que considera repousante. Pense sobre o lugar dos seus sonhos. Pode ser um lugar onde você esteve ou um lugar imaginário. Imagine a cena e a torne tão repousante e tranqüila quanto possível. Tente tornar a cena tão real quanto puder e pense sobre:

- ▶ a cor da areia, do mar, do céu
- ▶ o barulho das ondas quebrando na praia
- ▶ o som do vento soprando nas árvores
- ▶ o cheiro do mar
- ▶ o sol quente batendo no seu rosto
- ▶ o vento soprando suavemente seus cabelos.

Esta maneira de relaxar pode ajudar você a se preparar, para se sentir mais relaxado antes de enfrentar seu problema ou situação difícil. Lembre, quanto mais você praticar, mais isso vai ajudar.

Aprenda a vencer seus comportamentos compulsivos

Para vencer o TOC, você precisa aprender que não tem de realizar seus comportamentos compulsivos ou hábitos quando tiver um pensamento preocupante.

Liste todos os seus comportamentos compulsivos

Faça uma **lista de todos os seus comportamentos compulsivos** – os hábitos ou rotinas que você usa para tornar seguros os seus pensamentos preocupantes. Escreva cada um deles em um pedacinho de papel. Escolha um número de 1 a 10 (1 absolutamente despreocupado – 10 muito perturbado) e, para cada comportamento, avalie quão perturbado você ficaria se não pudesse realizá-lo.

Coloque-os em ordem

Agora, organize os pedacinhos de papel, começando pelo número mais baixo (menor perturbação) e chegando ao mais alto (maior perturbação).

Carla temia muito que seus pais tivessem um acidente sério se ela se afastasse deles. Ela listou todos os comportamentos compulsivos de segurança que usava para garantir que isso não acontecesse e avaliou quão perturbada ela ficaria se não os realizasse.

- ▶ Dizer aos meus pais "Eu amo muito vocês" três vezes quando saio com meus amigos (Perturbação 4)
- ▶ Dizer aos meus pais "Eu amo muito vocês" três vezes quando saio para a escola (Perturbação 6)
- ▶ Quando eles saem, verificar a que horas eles estarão de volta e repetir isso três vezes (Perturbação 7)
- ▶ Telefonar para eles a cada quinze minutos quando eles saem, para confirmar que eles estão bem (Perturbação 8)

Comece com o mais fácil e PARE de fazer isso

Tome o hábito que causa a menor perturbação e PARE de fazer isso.

- ▶ Se você precisa dizer coisas três vezes, tente dizê-las apenas uma ou duas vezes.
- ▶ Se você precisa lavar as mãos assim que toca em alguma coisa que acha que está suja, tente esperar cinco, dez ou quinze minutos antes de lavar as mãos.
- ▶ Se você precisa trocar toda a roupa depois de esbarrar em alguém, tente trocar apenas o blusão.

Você pode romper hábitos de diferentes maneiras, então escolha aquela que **você se acha capaz de pôr em prática**. Para Nina, o hábito com o qual ela começou foi o de dizer três vezes aos pais "eu amo muito vocês" sempre que saía com as amigas. Nina tentou romper seu hábito dizendo isso apenas uma vez.

Enfrente seus medos

As pessoas muitas vezes aprendem a lidar com preocupações e sentimentos ansiosos evitando aquilo que as deixa preocupadas.

- ▶ Mike, preocupado com a possibilidade de pegar germes de maçanetas de portas, talvez evite tocar nelas.

▶ Nina, preocupada com a possibilidade de coisas ruins acontecerem a seus pais, talvez evite sair com as amigas, ou ir à escola, para poder ficar com eles.

Isso pode fazer com que você se sinta melhor, mas não o ajuda a aprender que você na verdade não precisa repetir os hábitos. Você precisa enfrentar seus medos.

▶ Mike tem de aprender que ele pode tocar nas portas sem que aconteçam coisas ruins.
▶ Nina tem de aprender que ela pode sair e que seus pais estarão em segurança.

Você se sentirá ansioso, mas... gradualmente ficará mais fácil

Quando você enfrentar seus medos e tentar parar com os hábitos, você se sentirá ansioso ou incomodado. Você se preocupará com a possibilidade de que seus pensamentos obsessivos se tornem verdade e isso o deixará muito ansioso.

Não desista! O que você descobrirá é que esses sentimentos irão diminuir. Você pode verificar isso avaliando seus sentimentos e vendo que eles **diminuem com o passar do tempo**.

▶ Imediatamente depois que você parar com seu hábito, avalie como se sente (10 muito ansioso – 1 calmo e relaxado).
▶ Depois de cinco minutos, avalie-se novamente e continue fazendo isso e veja como se sente depois de 30 minutos.

Você vai descobrir que, mesmo não tendo repetido seu hábito, os sentimentos ansiosos desagradáveis diminuem.

Use a fala interna positiva

Uma maneira de ajudar a si mesmo a atravessar uma situação difícil ou preocupante é conversar consigo mesmo. Essa **fala interna** o ajuda a se sentir mais relaxado e confiante. Ao repetir mensagens encorajadoras e positivas para si mesmo, você pode **mandar embora suas preocupações**.

▶ **Eu vou** vencer meus hábitos.
▶ **Eu consegui** não fazer isso por cinco minutos, de modo que posso tentar outros cinco.
▶ **Eu conseguirei** fazer isso.

Lembre de elogiar a si mesmo quando vencer seus hábitos. Talvez você queira se recompensar de alguma forma – afinal de contas, você merece.

BONS PENSAMENTOS – BONS SENTIMENTOS

Lidando com o trauma

Sofrer um trauma pode ser muito assustador e não surpreende que a maioria das crianças e adolescentes fique perturbada por vários dias, posteriormente. Você pode perceber algumas coisas e descobrir que:

- Você não consegue parar de pensar sobre o trauma.
- Há momentos em que parece que o trauma está acontecendo novamente.
- Você tem dificuldade para dormir à noite.
- Você tem pesadelos.
- Você fica perturbado ou com muito medo de coisas que o lembram do trauma.
- Você fica zangado ou irritável com os amigos e a família.
- Você não quer pensar ou falar sobre o que aconteceu.
- Você reluta em sair ou estar com as pessoas.

Para a maioria das pessoas, essas mudanças duram apenas algumas semanas, embora algumas crianças achem que os efeitos do trauma duram mais tempo. Se isso lhe acontecer, você pode querer experimentar algumas dessas idéias e ver se elas ajudam.

Eles não cooperam sempre, mas se você persistir algumas vezes eles farão com que você se sinta melhor e com mais controle.

Interrompendo pensamentos e imagens sobre o trauma

Pode haver momentos em que você acha que não é capaz de parar de pensar sobre o trauma. Pensamentos e lembranças ficam sempre voltando, como um videoteipe que você não consegue desligar. Talvez você descubra que isso acontece mais quando não está muito ocupado ou alguma coisa o lembra do trauma.

Você pode tentar controlar seus pensamentos ensinando a si mesmo a pensar sobre alguma outra coisa. Em vez de escutar seus pensamentos preocupantes sobre o trauma, você pode tentar aprender a desligar o videocassete. Isso pode ser feito de diferentes maneiras e você precisará experimentar para ver qual delas funciona para você.

Descreva o que você vê

Descreva para você mesmo, com muitos detalhes, o que está acontecendo ao seu redor. Descreva o que você vê, o mais rápido que puder e pense sobre cores, formas, tamanho, texturas, do que as coisas são feitas, etc. Ao se concentrar nas coisas que vê, você pára de pensar sobre o trauma. Você precisará praticar e, lembre, isso provavelmente não vai funcionar imediatamente.

Jogos mentais

Talvez você possa expulsar as lembranças do trauma inventando alguns jogos mentais. Há várias maneiras de fazer isso, tais como:

- contar de trás para diante a partir de 123, de nove em nove
- soletrar o nome dos seus familiares de trás para diante
- dizer o nome dos discos do seu grupo favorito
- dizer o nome de todos os jogadores do seu time esportivo favorito.

Os jogos precisam ser suficientemente difíceis para desafiar você e fazê-lo pensar; então, não invente jogos fáceis demais.

Atividades

Algumas pessoas acham que atividades são uma boa maneira de desligar. A idéia é que a atividade vai monopolizar a sua atenção e sobrepujar quaisquer pensamentos ou lembranças do trauma. Quando você perceber que está pensando a respeito do trauma, tente alguma atividade da qual você goste.

Fazer palavras cruzadas, ler, assistir à televisão/vídeo, ouvir rádio ou música ou fazer qualquer outra coisa que possa ajudar.

Quanto mais você se concentrar no que estiver fazendo, mais os pensamentos sobre o trauma serão afastados.

Desligue o vídeo

As pessoas que sofreram traumas às vezes descobrem que as imagens ficam voltando na sua cabeça. É quase como se parte do trauma tivesse sido filmada e passasse num vídeo repetidamente. Aprender a desligar o vídeo pode ser útil.

Imagine um videocassete. Você pode olhar para o seu aparelho de videocassete em casa para criar uma boa imagem.

Concentre-se nela, e se imagine colocando um filme no aparelho e ligando o vídeo. Quando você o ligar, o filme começará a passar e você verá as imagens do vídeo escolhido. Agora, imagine-se desligando o aparelho. Concentre-se bastante na tecla "desliga" e, quando apertá-la, perceba como o filme pára. Pratique ligar e desligar o aparelho dentro da sua cabeça. Quando o vídeo começar a passar imagens do trauma, imagine-se desligando o aparelho e vendo a tela da televisão ficar sem imagem.

Escreva as suas preocupações

Talvez você tenha muitas lembranças do trauma e veja imagens dele repetidas vezes. Algumas pessoas têm lembranças um pouco diferentes e podem se sentir responsáveis, culpadas, zangadas ou, de alguma forma, merecedoras de censura pelo que aconteceu. Esses pensamentos são muito perturbadores e, como ninguém os escuta ou questiona, tendem a ficar se repetindo na sua cabeça.

Às vezes, é bom esvaziar a cabeça e tirar dela esses pensamentos. Vê-los escritos no papel pode ajudar você a pensar mais claramente e a se sentir melhor.

Escreva seus pensamentos sobre o trauma em uma folha de papel. Pense em todos eles e coloque todos no papel.

Depois que terminar, amasse bem o papel e o jogue na lata de lixo!

Sono

As noites podem ser difíceis, pois geralmente é o momento em que os pensamentos sobre o trauma parecem acontecer mais. Quanto mais você os escutar, piores eles parecem ficar, de modo que é bom tentar quebrar esse ciclo.

Para dormir melhor

Uma rotina relaxante antes de dormir pode ajudá-lo a adormecer mais facilmente e diminuir as chances de você pensar sobre o trauma. Pense sobre as coisas que o ajudam a relaxar e as torne parte de sua rotina antes de ir dormir:

▶ Crie um momento tranqüilo para "desacelerar" antes de ir para a cama.
▶ Uma bebida ou um banho quente podem ajudar você a se sentir relaxado.
▶ Um quarto confortável (nem quente nem frio demais).
▶ Deixe alguma luz acesa se isso ajudar.
▶ Programe o rádio ou a televisão para desligar algum tempo depois, de modo que desliguem depois que você adormecer.

- Se você sempre demora muito para adormecer, tente ir para a cama mais tarde. Ficar mais tempo acordado pode ajudar você a adormecer mais rapidamente.

Se você acorda durante a noite e tem pesadelos

Às vezes, você pode acordar durante a noite e não conseguir voltar a dormir. Esses são momentos em que você pode ficar pensando sobre o trauma. Quanto mais ficar escutando seus pensamentos, pior se sentirá. Novamente, tentar se concentrar em alguma outra coisa pode ajudar:

- Coloque no aparelho de som o seu CD predileto. Se você adormecer, o aparelho acabará se desligando sozinho.
- Tente ler um capítulo de um livro ou uma revista durante alguns minutos para se tranqüilizar novamente.

Aprenda a relaxar

Pensar sobre o trauma ou sobre coisas que o lembram pode fazer com que você se sinta assustado ou preocupado. Aprender a relaxar o ajudará a se sentir melhor. Há muitas maneiras diferentes de relaxar e você terá de descobrir qual funciona melhor para você.

Respiração controlada

Há momentos em que você começará a ficar tenso ou preocupado e não terá tempo para fazer exercícios de relaxamento. A respiração controlada é um método rápido para recuperar o controle e relaxar. Você pode usar este método em qualquer lugar e as pessoas geralmente nem sequer percebem o que você está fazendo!

Inspire lentamente, segure o ar por cinco segundos e depois expire bem devagar. Ao expirar, diga a si mesmo: "relaxe". Fazer isso algumas vezes o ajudará a recuperar o controle do seu corpo e a se sentir mais calmo.

Imagens relaxantes

Com este método, você conseguirá se sentir melhor ao pensar sobre coisas que acha boas ou repousantes.

Tente pensar sobre o lugar dos seus sonhos. Pode ser um lugar onde você esteve ou criou em sua fantasia. Imagine a cena na sua cabeça, tornando-a tão repousante e tranqüila quanto possível. Tente torná-la o mais real que puder e pense sobre:

- o barulho das ondas quebrando na praia
- o vento soprando nas árvores
- o cheiro do mar ou dos pinheiros
- o sol quente batendo em seu rosto
- o vento soprando suavemente seus cabelos.

Você precisa praticar até conseguir imaginar realmente o lugar dos seus sonhos. Quando começar a se sentir mal, tente criar essa cena. Concentre-se realmente na sua cena tranqüilizadora e veja se ela o ajuda a relaxar.

Exercício físico

Algumas pessoas acham que o exercício físico é uma ótima maneira de relaxar. Se o exercício físico funciona para você, utilize-o. Se for possível realizá-lo naqueles momentos em você percebe que está ficando mal, tente fazer isso.

Uma boa corrida, uma caminhada rápida ou um pouco de natação podem ajudar você a se livrar de sentimentos de raiva ou ansiedade.

Enfrente seus medos

Você pode descobrir que se preocupa muito com coisas que o lembram do trauma. Você se preocupa muito se passa perto do lugar onde o trauma aconteceu ou se algum acontecimento ou pessoa envolvida no trauma faz com que se lembre dele. Isso é muito compreensível e a maioria das pessoas se sente assim por algum tempo depois do trauma. Mas, para outras, esses sentimentos ficam muito fortes e podem impedi-las de fazer as coisas que elas gostariam de fazer. Por exemplo, você pode:

- desistir de tentar fazer coisas
- ficar relutante em experimentar qualquer coisa nova
- evitar situações que você acha que serão difíceis.

Quando isso acontecer, você precisa enfrentar seus medos e aprender a superá-los. As seguintes idéias podem ajudar.

Pratique ter sucesso

Quando nos deparamos com desafios difíceis, nós muitas vezes pensamos que não teremos sucesso. Somos muito bons em prever fracassos e em pensar que as coisas darão errado. Pensar assim faz com que fiquemos mais ansiosos e mais relutantes em tentar.

Uma boa maneira de ir em frente é imaginar uma cena do desafio e conversar consigo mesmo sobre o que irá acontecer. Pense sobre os passos envolvidos e se imagine lidando bem com a situação. Torne a cena o mais real possível e a descreva com muitos detalhes.

Praticar isso algumas vezes o ajudará a reconhecer que, embora possa ser difícil, você é capaz de se sair bem.

Pequenos passos

Às vezes, os desafios parecem grandes demais para serem enfrentados de uma só vez. Nesses momentos, convém dividir a tarefa em passos menores. Alguém que está com muito medo de andar de carro pode, por exemplo, dividir isso nos passos seguintes.

- Sente-se por um minuto num carro estacionado.
- Sente-se num carro estacionado com o motor ligado.
- Faça um trajeto curto de carro em uma rua tranqüila.
- Faça um trajeto um pouco maior em uma rua tranqüila.
- Faça um trajeto curto em uma rua mais movimentada.
- Faça um trajeto mais longo.

Como cada passo é pequeno, isso aumenta as chances de sucesso e o aproxima um pouco mais do seu alvo final. Pratique cada passo algumas vezes, até você se sentir suficientemente confiante para passar para o seguinte. Lembre, elogie a si mesmo quando tiver sucesso – você se saiu bem!

Fala interna positiva

Uma boa maneira de ajudar a si mesmo em uma situação difícil ou preocupante é conversar consigo mesmo. Essa fala interna positiva o ajuda a se sentir mais relaxado e confiante, mantendo as dúvidas e preocupações sob controle. Você faz isso dizendo coisas positivas a si mesmo quando se sentir preocupado ou com medo de não conseguir ter sucesso.

- **Eu voltarei** a este lugar novamente.
- **Eu consegui** chegar até a porta e agora vou entrar.

Repita sua mensagem positiva e se elogie por enfrentar o desafio.

Converse sobre isso

Você pode ter dificuldade para falar com outras pessoas sobre o seu trauma. Talvez queira esquecer o que aconteceu. Outras vezes, você pode achar que as pessoas não estão interessadas no que aconteceu ou pode temer que elas fiquem incomodadas se você falar sobre como está se sentindo. Isso nem sempre ajuda, mas, embora seja difícil, geralmente é bom tentar falar sobre o que aconteceu.

Traumas são eventos muito assustadores e perturbadores. São difíceis de compreender. Falar sobre isso pode ajudar você a compreender o que aconteceu.

Referências

Abela, J.R.Z., Brozina, K. & Haigh, E.P. (2002). An examination of the response styles theory of depression in third- and seventh-grade children: a short longitudinal study. *Journal of Abnormal Child Psychology,* 3°, 515-527.

Bailey, V. (2001). Cognitive-behavioural therapies for children and adolescents. *Advances in Psychiatric Treatment,* 7, 224-232.

Barrett, P.M. (1998). Evaluation of cognitive behavioural group treatments for childhood anxiety disorders. *Journal of Clinical Child Psychology,* 27, 4, 459-468.

Barrett, P.M. (2000). Treatment of childhood anxiety: developmental aspects. *Clinical Psychology Review,* 20, 4, 479-494.

Barrett, P.M. & Healy, L.J. (2003). An examination of the cognitive processes involved in childhood obsessive-compulsive disorder. *Behaviour Research and Therapy,* 41, 3, 285-299.

Barrett, P.M. & Turner, V.M. (2001). Prevention of anxiety symptoms in primary school children: preliminary results from a universal school based trial. *British Journal of Clinical Psychology,* 4°, 399-410.

Barrett, P.M., Dadds, M.R. & Rapee, R.M. (1996b). Family treatment of childhood anxiety: a controlled trial. *Journal of Consulting and Clinical Psychology,* 64, 2, 333-342.

Barrett, P., Healey-Farrell, L. & March, J .S. (2004). Cognitive behavioural treatment of childhood obsessive compulsive disorder: a controlled trial. *Journal of the American Academy of Child and Adolescent Psychiatry,* 43, 1,46-62.

Barrett, P.M., Short, A. & Healy, L. (2002). Do parent and child behaviours differentiate families whose children have obsessive compulsive disorder for other clinic and non-clinic families? *Journal of Child Psychology and Psychiatry,* 43, 5, 597-607.

Barrett, P., Webster, H. & Turner, C. (2000a). FRIENDS prevention of anxiety and depression for children. Children's workbook. Australia: Australian Academic Press.

Barrett, P., Webster, H. & Turner, C. (2000b). The FRIENDS group leader's manual for children. Australia: Australian Academic Press.

Barrett, P.M., Duffy, A.L., Dadds, M.R. & Ryan, S.M. (2001). Cognitive-behavioural treatment of anxiety disorders in children; long term (6 year) follow-up. *Journal of Consulting and Clinical Psychology,* 69, 1-7.

Barrett, P.M., Healey-Farrell, L., Piacentini, J. & March, J. (2003). Obsessive-compulsive disorder in childhood and adolescence: description and treatment. In P.M. Barrett & T.H. Ollendick (Eds), *Handbook of interventions that work with children and adolescents; prevention and treatment.* Chichester: Wiley.

Barrett, P.M., Rapee, R.M., Dadds, M.R. & Ryan, S.M. (1996a). Family enhancement of cognitive style in anxious and aggressive children. *Journal of Abnormal Child Psychology,* 24, 187-203.

Beck, A.T. (1967). *Depression: clinical, experimental and theoretical aspects.* New York: Harper & Row.
Beck, A.T. (1976). *Cognitive therapy and the emotional disorders.* New York: International Universities Press.

Bogels, S. & Zigterman, D. (2000). Dysfunctional cognitions in children with social phobia, separation anxiety and generalised anxiety disorders. *Journal of Abnormal Child Psychology,* 28, 205-211.

Bolton, D. (2004). Cognitive behaviour therapy for children and adolescents: some theoretical and developmental issues. In P. Graham (Ed), *Cognitive behaviour therapy for children and families* (second edition). Cambridge: Cambridge University Press.

Brandell, J.R. (1984). Stories and story telling in child psychotherapy. *Psychotherapy,* 21, 54-62.

Braswell, L. (1991). Involving parents in cognitive-behavioural therapy with children and adolescents. In P. Kendall (Ed), *Child and adolescent therapy: cognitive behavioural procedures.* New York: Guilford Press.

Brestan, E.V. & Eyberg, S.M. (1998). Effective psychosocial treatment of conduct disordered children and adolescents; 29 years, 82 studies and 5,272 kids. *Journal of Clinical Child Psychology,* 27, 2, 180-189.

British Psychological Society (2002). *Drawing on the evidence.* Leicester: BPS.

Bugental, D.B., Ellerson, P.C., Lin, E.K., Rainey, B., Kokotovic, A. & O'Hara, N. (2002). A cognitive approach to child abuse prevention. *Journal of Family Psychology,* 16, 3, 243-258.

Butler. G. (1998). Clinical formulation. In A.S. Bellack & M. Hersen (Eds), *Comprehensive clinical psychology.* New York: Pergamon Press.

Celano, M., Hazzard, A., Webb, C. & McCall, C. (1996). Treatment of traumagenic beliefs among sexually abused girls and their mothers: an evaluation study. *Journal of Abnormal Child Psychology,* 24, 1-16.

Chalder, T. & Hussain, K. (2002). *Self-help for chronic fatigue syndrome: a guide for young people.* Oxford: Blue Stallion Publications.

Chambless, D.I. & Ollendick, T.H. (2001). Empirically supported psychological interventions: controversies and evidence. *Annual Review of Psychology,* 52, 685-716.

Chang, J. (1999). Collaborative therapies with young children and their families: developmental, pragmatic and procedural issues. *Journal of Systemic Therapies,* 14, 44-64.

Charlesworth, G.M. & Reichelt, F.K. (2004). Keeping conceptualisation simple: examples with family carers of people with dementia. *Behavioural and Cognitive Psychotherapy,* 32, 4, 401-409.

Chu, B.C. & Kendall, P .C. (2004). Positive association of child involvement and treatment outcome within a manual based cognitive-behavioural treatment for children with anxiety. *Journal of Consulting and Clinical Psychology,* 72, 5, 821-829.

Clark, G., Lewinsohn, P. & Hops, H. (1990). Adolescent Coping with Depression Course. Available from http://www.kpchr.org/

Clarke, G.N., Rhode, P., Lewinsohn, P.M., Hops, H. & Seeley,].R. (1999). Cognitive behavioural treatment of adolescent depression: efficacy of acute group treatment and booster sessions. *Journal of the American Academy of Child and Adolescent Psychiatry,* 38, 3, 272-279.

Clarke, G.N., Hombrook, M., Lynch, F., Polen, M., Gale, J., O'Connor, E., Seeley, J.R. & Debar, L. (2002). Group cognitive-behavioural treatment for depressed adolescent offspring of depressed patients in a health maintenance organisation. *Journal of the American Academy of Child and Adolescent Psychiatry,* 41, 3, 305-313.

Cobham, V .E., Dadds, M.R. & Spence, S.H. (1998). The role of parental anxiety in the treatment of childhood anxiety. *Journal of Consulting and Clinical Psychology,* 66, 6, 893-905.

Cohen, J.A. & Mannarino, A.P. (1996). A treatment outcome study for sexually abused preschool children: initial findings. *Journal of the American Academy of Child and Adolescent Psychiatry,* 35, 42-50.

Cohen, J.A. & Mannarino, A.P. (1998). Interventions for sexually abused children: initial treatment outcome findings. *Child Maltreatment,* 3, I, 17-26.

Cohen, J.A., Deblinger, E., Mannarino, A.P. & Steer, R.A. (2004). A multisite, randomised controlled trial for children with sexual abuse-related PTSD symptoms. *Journal of the American Academy of Child and Adolescent Psychiatry,* 43, 4, 393-402.

Compton, S.N., March, J.S., Brent, D., Albano, A.M., Weersing, V.R. & Curry, J. (2004). Cognitive-behavioural psychotherapy for anxiety and depressive disorders in children and adolescents: an evidence based medicine review. *Journal of the American Academy of Child and Adolescent Psychiatry,* 43, 8, 930-959.

Curry, J.F. & Craighead, W.E. (1990). Attributional style in clinically depressed and conduct disordered adolescents. *Journal of Clinical and Consulting Psychology,* 58, 109-116.

Dadds, M.R. & Barrett, P.M. (2001). Practitioner Review: Psychological management of anxiety disorders in childhood. *Journal of Child Psychology and Psychiatry,* 42, 8, 999-1011.

Deblinger, E., Lippmann, J. & Steer, R. (1996). Sexually abused children suffering posttraumatic stress symptoms: initial treatment outcome findings. *Child Maltreatment,* I, 310-321.

Deblinger, E., Stauffer. L.B. & Steer. R.A. (2001). ComDarative efficacies of SuDDortive and colmitive behavioural group therapies for young children who have been sexually abused and their non-offending mothers. *Child Maltreatment,* 6, 4, 332-343.

Durlak, J.A., Fuhrman, T. & Lampman, C. (1991). Effectiveness of cognitive-behaviour therapy for malaqapting children: a meta analysis. *Psychological Bulletin,* 110, 204-214.

Durlak, J.A., Rubin, L.A. & Kahng, R.D. (2001). Cognitive behaviour therapy for children and adolescents with externalizing problems. *Journal of Cognitive Psychotherapy,* 15, 3, 183-194.

Ehlers, A. & Clark, D.M. (2000). A cognitive model of post-traumatic stress disorder. *Behaviour Research and Therapy,* 38, 319-345.

Ehlers, A., Mayou, R.A. & Bryant, B. (2003). Cognitive predictors of posttraumatic stress disorder in children. Results of a prospective longitudinal study. *Behaviour Research and Therapy,* 41, 1-10.

Ellis, A. (1977). The basic clinical theory of rational-emotive therapy. In A. Ellis & R. Grieger (Eds), *Handbook ofrational-emotive therapy.* New York: Springer.

Feehan, C.J. & Vostanis, P. (1996). Cognitive-behavioural therapy for depressed children: children's and therapist's impressions. *Behavioural and Cognitive Psychotherapy,* 24, 171-183.

Flannery-Schroeder, E. & Kendall, P.C. (2000). Group and individual cognitive-behavioural treatments for youth with anxiety disorders: a randomized clinical trial. *Cognitive Therapy and Research,* 24, 251-278.

Flavell, J.H., Flavell, E.R. & Green, F.L. (2001). Development of children's understanding of connections between thinking and feeling. *Psychological Science,* 12, 430-432.

Forehand, R. & MacMahon, R.J. (1981). *Helping the noncompliant child: a clinician's guide to effective parent training.* New York: Guilford Press.

Franklin, M.E., Kozak, M.J., Cashman, L.A., Coles, M.E., Rheingold, A.A. & Foa, E.B. (1998). Cognitive behavioural treatment of pediatric obsessive compulsive disorder: an open clinical trial. *Journal of the American Academy of Child and Adolescent Psychiatry,* 37, 412-419.

Friedberg, R.D. & McClure, J.M. (2002). *Clinical practice of cognitive therapy with children and adolescents: the nuts and bolts.* New York: Guilford Press.

Friedberg, R.D., Crosby, L.E., Friedberg, B.A., Rutter, J.G. & Knight, K.R. (2000). Making cognitive behavioural therapy user-friendly to children. *Cognitive and Behavioural Practice,* 6, 189-200.

Garcia, J.A. & Weisz, J.R. (2002). When youth mental health care stops: therapeutic relationship problems and other reasons for ending outpatient treatment. *Journal of Consulting and Clinical Psychology,* 70, 439-443.

Gardner, R. (1971). *Therapeutic communication with children: the mutual storytelling technique.* New York: Science House.

Ginsburg, G.S. & Schlossberg, M.C. (2002). Family-based treatment of childhood anxiety disorders. *International Review of Psychiatry,* 14, 143-154.

Ginsburg, G.S., Silverman, W.K. & Kurtines, W.K. (1995). Family involvement in treating children with phobic and anxiety disorders: a look ahead. *Clinical Psychology Review,* 15, 5, 475-473.

Graham, P. (1998). *Cognitive behaviour therapy for children and families.* Cambridge: Cambridge University Press.

Graham, P. (2005). Jack Tizard lecture: cognitive behaviour therapy for children: passing fashion or here to stay? *Child and Adolescent Mental Health,* 10, 2, 57-62.

Grave, J. & Blissett, J. (2004). Is cognitive behaviour therapy developmentally appropriate for young children? A critical review of the evidence. *Clinical Psychology Review,* 24, 399-420.

Harrington, R. (2004). Depressive disorders. In P. Graham (Ed), *Cognitive behaviour therapy for children and families* (second edition). Cambridge: Cambridge University Press.

Harrington, R., Wood, A. & Verduyn, C. (1998a). Clinically depressed adolescents. In P. Graham (Ed), *Cognitive behaviour therapy for children and families.* Cambridge: Cambridge University Press.

Harrington, R.C., Whittaker, J., Shoebridge, P. & Campbell, F. (1998b). Systematic review of the efficacy of cognitive behaviour therapies in child and adolescent depressive disorder. *British Medical Journal,* 316, 1559-1563.

Henggeler, S.W., Clingempeel, G.W., Brodino, M.J. & Pickrel, S.G. (2002). Four year follow-up of Multisystemic Therapy with substance-abusing and substance-dependent juvenile offenders. *Journal of the American Academy of Child and Adolescent Psychiatry,* 41, 868-874.

Heyne, D., King, N.J., Tonge, B., Rollings, S., Young, D., Pritchard, M. & Ollendick, T.H. (2002). Evaluation of child therapy and caregiver training in the treatment of school refusal. *Journal of the American Academy of Child and Adolescent Psychiatry,* 41, 6, 687-695.

Hibbs, E.D., Hamburger, S.D., Lenane, M., Rapport, J.L., Kruesi, M.J.P., Keysor, C.S. & Goldstein, M.J. (1991). Determinants of expressed emotion in families of disturbed and normal children. *Journal of Child Psychology and Psychiatry,* 32, 757-770.

Howard, K., Lueger, R., Maling, M. & Martinovich, Z. (1993). A phase model of psychotherapy outcome. Causal mediation of change. *Journal of Consulting and Clinical Psychology,* 61, 678-685.

Hudson, J.L. & Rapee, R.M. (2001). Parent-child interactions and the anxiety disorders. An observational analysis. *Behaviour Research and Therapy,* 39, 1411-1427.

Ironside, V. (2003). *The huge bag of worries.* London: Hodder Children's Books.

Jayson, D., Wood, A.J., Kroll, L., Fraser, J. & Harrington, R.C. (1998). Which depressed patients respond to cognitive behavioural treatment? *Journal of the American Academy of Child and Adolescent Psychiatry,* 37, 35-39.

Johnston, C. (1996). Addressing parent cognitions in interventions with families of disruptive children. In K. Dobson & K. Craig (Eds), *Advances in cognitive behaviour therapy.* London: Sage.

Kane, M.T. & Kendall, P.C. (1989). Anxiety disorders in children: a multiple baseline evaluation of a cognitive behavioural treatment. *Behaviour Therapy,* 20, 499-508.

Kaslow, N.J., Rehm, I.P., Pollack, S.L. & Siegel, A.W. (1988). Attributional style and self-control behaviour in depressed and non-depressed children and their parents. *Journal of Abnormal Child Psychology,* 16, 163-175.

Kazdin, A.E. (1997). Parent management training: evidence, outcomes, and issues. *Journal of the American Academy of Child and Adolescent Psychiatry,* 36, 10-18.

Kazdin, A.E. & Kendall, P.C. (1998). Current progress and future plans for developing effective treatments. Comments and perspectives. *Journal of Clinical Child Psychology,* 27, 217-226.

Kazdin, A.E. & Weisz, J. (1998). Identifying and developing empirically supported child and adolescent treatments. *Journal of Consulting and Clinical Psychology,* 66, 19-36.

Kendall, P.C. (1990). *The coping cat workbook.* Philadelphia, PA: Temple University.

Kendall, P.C. (1992). *Stop and think workbook* (second edition). Ardmore, PA: Workbook Publishing.
Kendall, P.C. (1994). Treating anxiety disorders in children: results of a randomized clinical trial. *Journal of Consulting and Clinical Psychology,* 62, 100-110.

Kendall, P.C. & Panichelli-Mindel, S.M. (1995). Cognitive-behavioural treatments. *Journal of Abnormal Child Psychology,* 23, I, 107-124.

Kendall, P.C. & Southam-Gerow, M.A. (1996), Long-term follow-up of cognitive-behavioural therapy for anxiety-disordered youth. *Journal of Consulting and Clinical Psychology,* 64, 724-730.

Kendall, P.C., Stark, K.D. & Adam, T. (1990). Cognitive deficit or cognitive distortion in childhood depression. *Journal of Abnormal Child Psychology,* 18, 3, 255-270.

Kendall, P.C., Flannery-Schroeder, E., Panichelli-Mindel, S.M., Southam-Gerow, M., Henin, A. & Warman, M. (1997). Therapy for youths with anxiety disorders: a second randomized clinical trial. *Journal of Consulting and Clinical Psychology,* 65, 3, 366-380.

King, N.J., Tonge, B.J., Heyne, D., Pritchard, M., Rollings, S., Young, D., Myerson, N. & Ollendick, T.H. (1998). Cognitive behavioural treatment of school-refusing children: a controlled evaluation. *Journal of the American Academy of Child and Adolescent Psychiatry,* 37, 4, 395-403.

King, N.J., Tonge, B.J., Mullen, P., Myerson, N., Heyne, D., Rollings, S., Martin, R. & Ollendick, T.H. (2000). Treating sexually abused children with posttraumatic stress symptoms: a randomized clinical trial. *Journal of the American Academy of Child and Adolescent Psychiatry,* 39, II, 1347-1355.

Knell, S.M. & Ruma, C.D. (2003). Play therapy with a sexually abused child. In M.A. Reinecke, F.M. Dattilio & A. Freeman (Eds), *Cognitive therapy with children and adolescents: a casebook for clinical practice* (second edition). New York: Guilford Press.

Krain, A. & Kendall, P. (1999). Cognitive behavioural therapy. In S. Russ & T. Ollendick (Eds), *Handbook of psychotherapies for children and families.* New York: Plenum.

Krohnc, H.W. & Hock, M. (1991). Relationships between restrictive mother-child interactions and anxiety of the child. *Anxiety Research,* 4, 109-124.

Kuyken, W. & Beck, A.T. (2004). Cognitive therapy. In V. Freeman, & M.J. Power (Eds), *Handbook of evidence-based psychotherapy: a guide for research and practice.* Chichester: Wiley.

Lazarus, A.A. & Abramovitz, A. (1962). The use of 'emotive imagery' in the treatment of children's phobias. *Journal of Mental Science,* 108, 191-195.

Lewinsohn, P.M., Clarke, G.N., Hops, H. & Andrews, J. (1990). Cognitive behavioural treatment for depressed adolescents. *Behaviour Therapy,* 21, 385-401.

Libby, S., Reynolds, S., Derisley, J. & Clark, S. (2004). Cognitive appraisals in young people with obsessive-compulsive disorder. *Journal of Child Psychology and Psychiatry,* 45, 1076-1084.

March, J.S., Mulle, K. & Herbel, B. (1994). Behavioural psychotherapy for children and adolescents with obsessive-compulsive disorder: an open clinical trial of a new protocol driven treatment package. *Journal of the American Academy of Child and Adolescent Psychiatry,* 33, 333-341.

March, J., Frances, A., Kahn, D. & Carpenter, D. (1997). Expert consensus guidelines: treatment of obsessive compulsive disorder. *Journal of Clinical Psychology,* 58, 4, 1-72.

Mendlowitz, S.L., Manassis, M.D., Bradley, S., Scapillato, D., Miezitis, S. & Shaw, B.F. (1999). Cognitive behaviour group treatments in childhood anxiety disorders: the role of parental involvement. *Journal of the American Academy of Child and Adolescent Psychiatry,* 38, 10, 1223-1229.

Nauta, M.H., Scholing, A., Emmelkamp, P.M.G. & Minderaa, R.B. (2001). Cognitive behaviour therapy for anxiety disordered children in a clinical setting: does additional cognitive parent training enhance treatment effectiveness? *Clinical Psychology and Psychotherapy,* 8, 300-340.

Nauta, M.H., Scholing, A., Emmelkamp, P.M.G. & Minderaa, R.B. (2003). Cognitive behaviour therapy for children with anxiety disorders in a clinical setting: no additional effect of a cognitive parent training. *Journal of the American Academy of Child and Adolescent Psychiatry,* 42, II, 1270-1278.

Nelson, W.M. & Finch, A.J. (1996). *'Keeping your cool': the anger management workbook.* Ardmore, PA: Workbook Publishing.

O'Kearney, R. (1998). Responsibility appraisals and obsessive-compulsive disorder. A critique of Salkovskis's cognitive theory. *Australian Journal of Psychology,* 50, 1, 43-47.

Overholser, J.V. (1993a). Elements of the Socratic method: I. Systematic questioning. *Psychotherapy,* 30, I, 67-74.

Overholser, J.V. (1993b). Elements of the Socratic method: II. Inductive reasoning. *Psychotherapy,* 30, I, 75-85.

Overholser, J.C. (1994). Elements of the Socratic method: III. Universal definitions. *Psychotherapy,* 31, 2, 286-293.

Padesky, C. Audio tape -*Socratic process* (SQI).

Padesky, C. & Greenberger, D. (1995), *Clinician's guide to mind over mood.* New York: Guilford Press.

Patterson, G.R. (1982). *Coercive family process.* Eugene, OR: Castalia.

Phillips, N. (1999). *The panic book.* Australia: Shrink-Rap Press.

Piacentini, J. & Bergman, R.L. (2001). Developmental issues in cognitive therapy for childhood anxiety disorders. *Journal of Cognitive Psychotherapy,* 15,3, 165-182.

Piaget, J. (1952). *The origins of intelligence in the child.* London: Routledge & Kegan Paul.

Prinz, R.J. & Miller, G.E. (1994). Family-based treatment for childhood antisocial behaviour: experimental influences on dropout and engagement. *Journal of Consulting and Clinical Psychology,* 62, 645-650.

Prochaska, J.O., DiClemente, C.C. & Norcross, J.C. (1992). In search of how people change. *American Psychologist,* 47, 1102-1104.

Quakley, S., Reynolds, S. & Coker, S. (2004). The effects of cues on young children's abilities to discriminate among thoughts, feelings and behaviours. *Behaviour Research and Therapy,* 42, 343-356.

Rapee, R.M. (1997). The potential role of childrearing practices in the development of anxiety and depression. *Clinical Psychology Review,* 17, 47-67.

Reinecke, M.A., Dattilio, F.M. & Freeman, A. (2003). *Cognitive therapy with children and adolescents; a casebook for clinical practice* (second edition). New York: Guilford Press.

Rollnick, S. & Miller, W.R. (1995). What is motivational interviewing? *Behavioural and Cognitive Psychotherapy,* 23, 325-334.

Rollnick, S., Mason, P. & Butler, C. (1999). *Health behaviour change: a guide for practitioners.* London: Churchill Livingstone.

Ronen, T. (1992). Cognitive therapy with young children. *Child Psychiatry and Human Development,* 23, l, 19-30.

Ronen, T. (1997). *Cognitive developmental therapy with children.* Chichester: Wiley.

Russell, R.L. & Shirk, S.R. (1998). Child psychotherapy process research. *Advances in Clinical Child Psychology,* 20, 93-124.

Rutter, J.G. & Friedberg, R.D. (1999). Guidelines for the effective use of Socratic dialogue in cognitive therapy. In L. VandeCreek, S. Knapp & T.L. Jackson (Eds), *Innovations in clinical practice: a sourcebook.* Sarasota, FL: Professional Resource Process.

Salkovskis, P.M. (1985). Obsessional compulsive problems: a cognitive-behavioural analysis. *Behaviour Research and Therapy,* 23, 5, 571-583.

Salkovskis, P.M. (1989). Cognitive behavioural factors and the persistence of intrusive thoughts in obsessional problems. *Behaviour Research and Therapy,* 27, 6, 677-682.

Salmon, K. & Bryant, R.A. (2002). Posttraumatic stress disorder in children: the influence of developmental factors. *Clinical Psychology Review,* 22, 163-188.

Sanders, M.R., Shepherd, R.W., Cleghorn, G. & Woolford, H. (1994). The treatment of recurrent abdominal pain in children: a controlled comparison of cognitive-behavioural family intervention and standard paediatric care. *Journal of Consulting and Clinical Psychology,* 62, 306-314.

Schmidt, N.B., Joiner, T.E., Young, J.E. & Telch, M.J. (1995). The schema questionnaire: investigation of the psychometric properties and the hierarchical structure of a measure of maladaptive schemas. *Cognitive Therapy and Research,* 19, 295-321.

Schmidt, U. (2004). Engagement and motivational interviewing. In P. Graham (Ed), *Cognitive behaviour therapy for children and families* (second edition). Cambridge: Cambridge University Press.

Scott, S., Spender, Q., Doolan, M., Jacobs, M. & Aspland, H. (2001). Multicentre controlled trial of parenting groups for childhood antisocial behaviour in clinical practice. *British Medical Journal,* 323, 194-198.

Seligman, L.D., Goza, A.B. & Ollendick, T.H. (2004). Treatment of depression in children and adolescents. In P.M. Barrett & T.H. Ollendick (Eds), *Handbook of interventions that work with children and adolescents: prevention and treatment.* Chichester: Wiley.

Shirk, S. (1999). Developmental therapy. In W. Silverrnan & T. Ollendick (Eds), *Developmental issues in clinical treatment of children.* Boston: Allyn & Bacon.

Shirk, S.R. (2001). Development and cognitive therapy. *Journal of Cognitive Psychotherapy,* 15, 3, 155-163.

Shirk, S. & Russell, R. (1996). *Change processes in child psychotherapy.* New York: Guilford Press.

Shirk, S.R. & Saiz, C.C. (1992). Clinical, empirical and developmental perspectives on the therapeutic relationship in child psychotherapy. *Development & Psychopathology,* 4, 713-728.

Shirk, S.R., Burwell, R. & Harter, S. (2003). Strategies to modify low self-esteem in adolescents. In M.A. Reinecke, F.M. Dattilio & A. Freeman (Eds), *Cognitive therapy with children and adolescents: a casebook for clinical practice* (second edition). New York: Guilford Press.

Siegal, M. (1997). *Knowing children: experiments in conversation and cognition* (second edition). Hove: Lawrence Erlbaum.

Silverman, W.K., Kurtines, W.M., Ginsburg, G.S., Weems, C.F., Rabian, B. & Serafini, L.T. (1999a). Contingency management, self-control and educational support in the treatment of childhood phobic disorders: a randomized clinical trial. *Journal of Consulting and Clinical Psychology,* 67, 5, 675-687.

Silverrnan, W.K., Kurtines, W.M., Ginsburg, G.S., Weems, C.F., Lumpkin, P.W. & Carrnichael, D.H. (1999b). Treating anxiety disorders in children with group cognitive behavioural therapy: a randomised clinical trial. *Journal of Consulting and Clinical Psychology,* 67, 6, 995-1003.

Spence, S.H. (1995). *Social skills training: enhancing social competence in children and adolescents.* Windsor, UK: NFER Nelson.

Spence, S.H., Donovan, C. & Brechman-Toussaint, M. (1999). Social skills, social outcomes and cognitive features of childhood social phobia. *Journal of Abnormal Psychology,* 108, 211-221.

Spence, S.H., Donovan, C. & Brechman-Toussaint, M. (2000). The treatment of childhood social phobia: the effectiveness of a social, skills training based, cognitive-behavioural intervention, with and without parental involvement. *Journal of Child Psychology and Psychiatry,* 41, 6, 713-726.

Stallard, P. (2002a). *Think good – feel good. A cognitive behaviour therapy workbook for children and young people.* Chichester: Wiley.

Stallard, P. (2002b). Cognitive behaviour therapy with children and adolescents: a selective reviewof key issues. *Behavioural and Cognitive Psychotherapy,* 30, 321-333.

Stallard, P. (2004). Cognitive behaviour therapy with prepubertal children. In P. Graham (Ed), *Cognitive behaviour therapy for children and families* (second edition). Cambridge: Cambridge University Press.

Stallard, P. & Rayner, H. (2005). The development and preliminary evaluation of a schema questionnaire for children. *Behavioural and Cognitive Psychotherapy,* 33, 217-224.

Stark, K.D., Reynolds, W.M. & Kaslow, N. (1987). A comparison of the relative efficacy of self-control therapy and a behavioural problems solving therapy for depression in children. *Journal of Abnonnal Child Psychology,* 15, 91-113.

Stark, K.D., Swearer, S., Kurowski, C., Sommer, D., & Bowen, B. (1996). Targeting the child and family: a holistic approach to treating child and adolescent disorders. In E.D. Hibbs & P .S. Iensen (Eds), *Psychosocial treatments for child and adolescent disorders: empirically based strategies for clinical practice.* Washington, DC: American Psychological Association.

Stulemeijer, M., de Jong, L.W.A.M., Fiselier, T.I.W., Hoogveld, S.W.B. & Bleijenberg, G. (2005). Cognitive behaviour therapy for adolescents with chronic fatigue syndrome: randomised controlled trial. *British Medical Journal,* 330, 14-17.

Tarrier, N. & Calam, R. (2002). New developments in cognitive-behavioural case formulation. Epidemiological, systemic and social context: an integrative approach. *Behavioural and Cognitive Psychotherapy,* 30, 311-328.

Thomton, S. (2002). *Growing minds: an introduction to cognitive development.* Basingstoke: Palgrave Macmillan.

Toren, P., Wolmer, L., Rosental, B., Eldar, S., Koren, S., Lask, M., Weizman, R. & Laor, N. (2000). Case series: brief parent-child group therapy for childhood anxiety disorders using a manual based cognitive-behavioural technique. *Journal of the American Academy of Child and Adolescent Psychiatry,* 39, 10, 1309-1312.

Vemberg, E.M. & Johnston, C. (2001). Developmental considerations in the use of cognitive therapy for posttraumatic stress disorder. *Journal of Cognitive Psychotherapy,* 15, 3, 223-237.

Vostanis, P., Feehan, C. & Grattan, E. (1998). Two year outcome of children treated for depression. *European Child and Adolescent Psychiatry,* 7, 12-18.

Vostanis, P., Feehan, C., Grattan, E. & Bickerton, W. (1996). Treatment for children and adolescents depression: lessons from a controlled trial. *Clinical Child Psychology and Psychiatry,* I, 199-212.

Webster-Stratton, C. (1992). *The incredible years: a trouble-shooting guide for parents of children aged 3-8.* Ontario: Umbrella Press.

Wellman, H.M., Hollander, M. & Schult, C.A. (1996). Young children's understanding of thought bubbles and thoughts. *Child Development,* 67, 768-788.

Wever, C. (1999). *The school wobblies.* Australia: Shrink-Rap Press. Wever, C. (2000). *The secret problem.* Australia: Shrink-Rap Press.

White, C., McNally, D. & Cartwright-Hatton, S. (2003). Cognitively enhanced parent training. *Behavioural and Cognitive Psychotherapy,* 31, 99-102.

Wood, A., Harrington, R. & Moore, A. (1996). Controlled trial of a brief cognitive-behavioural intervention in adolescent patients with depressive disorders. *Journal of Child Psychology and Psychiatry,* 37, 737-746.

Young, J. (1990). *Cognitive therapy for personality disorder: a schema-focused approach.* Sarasota, FL: Prefessional Resource Press.

Índice

A

A armadilha negativa, 63
A armadilha negativa de quatro partes, 64
A balança para avaliar a mudança, 29-30, 39
A cadeia de eventos, 16-17, 72-73, 85
A caixa de ferramentas do terapeuta, 154
Ambivalência, 28-32
Ansiedade generalizada, 55-60

C

Charadas de sentimentos, 52-53
Cognitiva(s)
    capacidade, 127-130
    mudança e melhora, 156-157
    reestruturação, 101-102
    suposições, 48-51
Comparações analógicas, 16-17, 71-72
Comparações causais eliminativas, 16-17, 71-74
Compartilhando nossos pensamentos, 150-151
Crenças centrais, 47-49

D

Dicionários emocionais, 52-53
Discrepância, 31-32

E

Engajamento, 14-15, 21-23
Entrevista motivacional
    ambivalência, 28-32
    comportamentos que preocupam, 34-35
    contramotivação, 34-37
    princípios, 28-32
    técnicas, 31-33
Experimentos comportamentais, 50-51
Externalização, 144

F

Flecha descendente, 47-49
Folhas de exercício de sentimentos, 52-53
Formulações
    aspectos essenciais, 42-43
    complexas, 53-57
    de manutenção, 45-47
    de problemas, 59-62
    definição, 41-42
    específicas para um problema, 55-60
    iniciais, 46-55
    mini, 43-45

G

Geração de imagens mentais, 135-144

H

História
    avaliação, 132-134
    livros, 135-136
    narração, 131-132
    SUPPORT, 100, 109-110
    terapêutica, 133-136

I

Imagens calmantes, 137-138
Imagens de enfrentamento, 136-137

J

Jogos, 129-131

M

Manejo de contingências, 101-102
Marionetes, 130-132
Modelo de Formulação Inicial, 65

N

Nível de desenvolvimento, 113-117

O

O processo socrático, 16-17, 67-84
    empirismo colaborativo, 77-79
    estrutura, 68-70
    facilitando a autodescoberta, 67-68
    o bom questionamento, 78-80
    perguntas de análise, 75-77
    perguntas de aplicação, 75-77
    perguntas de avaliação, 69-70
    perguntas de interpretação, 74-75
    perguntas de memória, 73-74
    perguntas de síntese, 75-77

perguntas de tradução, 73-74
problemas, 81-84
processo, 73-74

P

Pais
  benefícios do envolvimento, 90-92
  componentes comuns, 100-104
  efetividade do envolvimento, 93-100
  importância na TCC, 87-91
  modelo de mudança, 91-92
  papéis, 91-95
Pensamentos automáticos
  apanhador de pensamentos, 50-51
  diários, 50-51
PRECISE, 17-18, 112-125
  autodescoberta e auto-eficácia, 120-121
  criatividade, 118-119
  divertimento, 120-121
  empatia, 116-117
  investigação, 119-120
  nível correto de desenvolvimento, 113-117
  parceria de trabalho, 112-114
Psicoeducação, 82-83, 108-109, 139-140
  controlando preocupações e hábitos, 184-190
  derrotando a depressão, 178-183
  lidando com o trauma, 191-197
  O que é a terapia cognitivo-comportamental (TCC)?, 106-107
  O que os pais precisam saber sobre a terapia cognitivo- comportamental (TCC), 108-110
  vencendo a ansiedade, 172-177

Q

Quando fico preocupado, 147
Quando fico triste, 149
Quando fico zangado, 148
Questionário de esquemas para crianças, 48-49

R

Raciocínio indutivo, 16-17, 69-74
Reflexão, 116-117

T

Terapia cognitivo-comportamental
  adaptando para uso com crianças, 18-20, 129-144
  ansiedade, 160-164
  cognições e processos disfuncionais, 155-156
  cognições e processos importantes, 155-156, 161-168, 170
  componentes efetivos, 157-158
  depressão, 163-166
  efetividade, 13-14, 156-157, 160-161, 163-168
  equilíbrio entre estratégias cognitivas e comportamentais, 153-155
  níveis, 158-159
  número de sessões, 158-159
  por onde começar, 157-158
  principais componentes, 159-162, 164-169
  processo, 111-125
  quando não indicada, 36-38
  tarefas para fazer em casa, 159-160
  TEPT, 167-170
  TOC, 165-168
Teste do se/então, 50-51
Teste para o rastreador de pensamentos, 145
Tortas de responsabilidade, 141-144, 146
Transtornos externalizantes, 88-91
Transtornos internalizantes, 89-90, 153-170